AF452662

MANUEL D'ÉLEVAGE

VERSAILLES

CERF ET FILS, IMPRIMEURS

59, RUE DUPLESSIS, 59

FAISANS, TRAGOPANS, CROSSOPTILONS,
LOPHOPHORES, ETC.

MANUEL D'ÉLEVAGE

ÉTABLI D'APRÈS UN ORDRE NOUVEAU ET RATIONNEL,
PERMETTANT A L'AVICULTEUR LE PLUS INEXPÉRIMENTÉ
D'EFFECTUER, JOUR PAR JOUR, AVEC SUCCÈS,
TOUTE LA SÉRIE DES OPÉRATIONS

SUIVI

D'une Monographie des Phasianidés

PAR

A. DHERSE

Chevalier de la Légion d'honneur, etc.
Membre de la Société nationale d'Acclimatation de France

EN VENTE CHEZ L'AUTEUR

A LONGUEVAL (AISNE)

PAR FISMES (MARNE)

AVANT-PROPOS

O fortunatos nimium.....

Encore un traité d'élevage !

Non, un tout petit manuel, qui n'apprendra rien aux initiés, mais qui, je l'espère, rendra plus faciles les premiers essais de l'éleveur inexpérimenté.

J'ai pensé qu'à côté des savants travaux qui ont déjà été publiés sur cette question si intéressante de l'élevage, et qui sont lus avec fruit même par les plus vieux éleveurs, il y avait encore place pour un guide succinct, facile à consulter, basé sur une méthode économique permettant au plus grand nombre de se livrer à ces douces récréations, si profitables à l'esprit et..... à la bourse.

Les premières étapes sont dures.

Pour éviter les déceptions, le débutant a besoin d'être guidé par la main, jour par jour, et, pour ainsi dire, heure par heure.

Il est nécessaire qu'il trouve, sans grandes recherches, les renseignements sans lesquels son œuvre serait stérile, renseignements qu'il s'assimilera d'autant mieux qu'ils seront présentés sous une forme plus concise.

C'est dans cet esprit qu'a été écrit ce modeste opuscule.

Des faits, peu de mots, voilà tout ce travail, dont toutes les parties sont le fruit de l'observation et de l'expérience.

Puisse-t-il éviter aux amis de la nature, désireux de jeter les yeux sur ses plus intéressantes manifestations, les fautes qu'entraîne un début et le découragement qui en est la conséquence !

Longueval, le 1er décembre 1891.

A. DHERSE.

PREMIÈRE PARTIE

—

ÉLEVAGE

CHAPITRE Ier

CONSIDÉRATIONS GÉNÉRALES.
ÉTABLISSEMENT D'UNE VOLIÈRE.

On a dit et répété que l'élevage des oiseaux de faisanderie est ruineux, que s'il est possible à l'amateur favorisé par la fortune, il est onéreux pour les petites bourses.

C'est une erreur.

Dépenser peu et recevoir beaucoup, voilà tout le secret.

En d'autres termes, pour réussir, il suffit de construire des volières solides mais légères, d'un prix de revient minime et de faire donner aux oiseaux reproducteurs le maximum de rendement.

Nous allons, dès à présent, nous occuper de l'établissement d'une volière économique que pourra élever quiconque sait se servir d'une scie et d'un marteau.

Plus tard, nous acquerrons les connaissances nécessaires pour mettre nos reproducteurs au point, et pour réduire le plus possible la mortalité chez nos petits élèves.

Nous établirons ensuite le bilan. La conclusion en découlera et le problème sera résolu.

Un couple de faisans de grande taille, un coq et deux ou trois poules de petite taille, ont besoin, pour se maintenir en bonne santé, d'un espace de 14 à 18 mq. Prenons la moyenne, 16 mq.

La volière se composera d'une cabane d'environ 4 mq. et d'un parc de 12 mq.

La cabane fera face à l'est, pour que le sol soit toujours bien sec, et pour que le soleil du matin vienne réchauffer les oiseaux, si avides de ses rayons.

Elle sera plus haute par devant que par derrière. La pente du toit permettra ainsi de rejeter les eaux de pluie à l'extérieur du parc.

Les dimensions de la cabane seront :

Longueur 1^m,95, profondeur 2^m, hauteur du devant 1^m,80, hauteur du derrière 1^m,60.

La façade postérieure sera percée d'une porte pour le service.

A l'extérieur, la cabane communiquera, par une trappe carrée de 0^m,40 de côté, avec chacune des cabanes voisines.

Cette disposition très importante permettra de faire évacuer momentanément une volière, soit pour la gazonner, soit pour la réparer, soit pour séparer le coq de la poule.

Si la cabane a une muraille pour paroi postérieure, la pente du toit sera forcément d'arrière en avant. Le devant aura 1ᵐ,80 de hauteur, le derrière 2 mètres. La porte de derrière n'existera naturellement pas.

Les autres dispositions seront les mêmes.

Toutes les constructions seront faites en planches de sapin de 0ᵐ,23 de longueur, soutenues par des chevrons de charpentier d'environ 0ᵐ,07 — 0ᵐ,07. Ce bois est facile à travailler et d'un prix peu élevé.

On prend, pour l'extérieur, des madriers de 6 mètres de longueur, sciés à trois traits, ce qui donne quatre planches par madrier.

Le prix est d'environ 1 fr. 20 par mètre courant de madrier, 7 fr. 20 pour le madrier entier, c'est-à-dire pour les quatre planches, plus une augmentation de 3 francs par 100 mètres de sciage.

Pour l'intérieur, les madriers sciés à quatre traits suffisent.

Lorsque les planches seront clouées, on placera des couvre-joints de 0ᵐ,06 de largeur. On veillera à ce que ceux du toit recouvrent bien les intervalles qui existent d'une planche à l'autre. Tous les clous seront soigneusement rabattus.

Enfin, on passera sur le toit plusieurs couches de goudron.

On aura ainsi une couverture moins coûteuse que si l'on employait le carton bitumé, dont la durée n'excède pas quatre années.

Passons au parc.

Longueur 6 mètres, largeur, celle de la cabane, surface 12 mq. environ.

Clouez, au bas, de chaque côté, sur la cabane, deux planches et une demi-planche de 6 mètres de longueur superposées, ce qui nous donnera une hauteur de 0^m,575. En haut, à hauteur du toit, une autre demi-planche de 0^m,115 de largeur. Ces planches seront supportées par un chevron tous les deux mètres et seront clouées sur lui.

Le quatrième côté sera formé par deux planches et une demi-planche de 1^m,95 de longueur, pour le bas et une demi-planche pour le haut. Ces planches seront clouées sur les deux chevrons extrêmes, à la même hauteur que les planches des grands côtés.

On ménagera une porte dans ce quatrième côté.

Du grillage à triple torsion de 1^m,20 de hauteur et de 0^m,19 de maille suffira pour fermer la volière sur les côtés. La couverture sera formée par du grillage de 2 mètres de largeur, qui sera cloué sur la tranche des traverses et sur le bord du toit.

Il ne vous restera plus qu'à peindre. Vous donnerez trois couches d'ocre jaune et d'huile de lin bien mélangés. Si vos planches ne sont pas rabotées, une couche suffira.

Ce n'est pas la volière parfaite que je viens de décrire. On pourra même trouver que la hauteur du fond de la cabane n'est pas suffisante. C'est une volière économique.

On en sera quitte pour se baisser un peu en y entrant; du reste, en dehors du moment de la ponte, on ne pénètre guère dans la cabane.

Il est certain aussi qu'il vaudrait mieux employer du grillage à simple torsion, qui est beaucoup plus élastique, et qui, par contre, est d'un prix bien plus élevé que le grillage à triple torsion. Mais je constate que ce dernier, dont je me sers exclusivement, ne m'a jamais causé le moindre accident.

Je crois donc pouvoir en conseiller l'emploi.

Combien coûtera cette volière ? 50 francs si vous la faites vous-même.

Elle est donc à la portée de toutes les bourses.

Maintenant que la volière est établie, nous allons l'aménager.

Répandez dans la cabane une épaisse couche de sable, le plus maigre possible : ajoutez-y des cendres passées au tamis, si vous en avez. C'est là que vos oiseaux se poudreront.

Placez deux perchoirs, l'un à l'entrée de la cabane, l'autre dans l'intérieur. Le premier sera occupé de préférence, par la plupart des faisans. Le second pourra l'être, lorsque les mauvais temps seront venus.

Plantez, dans le parc, des thuyas, des sapins et des groseilliers, des arbustes quelconques, de manière à former des cachettes et des retraites ombragées pour l'été.

Couvrez le sol de sable et de grève et, enfin, réservez, près de la porte, un carré que vous garnirez de gazon.

Un abreuvoir à l'ombre, et votre volière sera prête à recevoir ses habitants.

J'insiste sur la nécessité de pourvoir la volière de deux portes. Cette disposition rend le service plus facile et permet de recueillir les œufs sans troubler les oiseaux.

CHAPITRE II

ACHAT D'ŒUFS A COUVER. — INCONVÉNIENTS. — PRÉCAUTIONS A PRENDRE. — DES REPRODUCTEURS. — ACHAT. — DÉBALLAGE. — NOURRITURE AVANT ET PENDANT LA PONTE. — ABRIS. — RÉCOLTE DES ŒUFS. — NOURRITURE APRÈS LA PONTE. — ABREUVOIRS.

Au moment d'acheter vos reproducteurs, vous ne manquerez pas de vous demander si vous n'agiriez pas plus prudemment et d'une manière plus conforme à vos intérêts, en vous procurant des œufs des différentes espèces de faisans, que vous voulez élever et en les faisant couver.

Pour une somme relativement modique, eu égard au prix d'un couple de reproducteurs, vous auriez l'espoir d'en obtenir plusieurs couples. En outre, vous auriez des faisans moins farouches et vous n'auriez pas à craindre les... (comment dirai-je ?) les indélicatesses de vendeurs n'ayant ni notoriété ni conscience et vous trompant sur l'âge et sur les qualités que vous cherchez dans vos reproducteurs.

Qui n'a pas fait ces réflexions ?

Elles ont un côté spécieux qui entraîne. Aussi le plupart des débutants ont-ils commencé par la mise en incubation d'œufs achetés, pour finir par l'achat de reproducteurs, bonne résolution quoique tardive.

En achetant des œufs, vous perdez une année ; vous risquez de n'avoir que des œufs clairs, si vous vous êtes adressé à un éleveur peu scrupuleux mais pratique, qui ne vend que les œufs, déjà en incubation, reconnus mauvais au mirage (*experto crede Roberto*) ; de plus vous avez l'inconvénient du transport. Enfin, si vous trouvez à acheter des œufs de faisans dorés, argentés, Amherst et vénérés, vous attendrez en vain que l'on vous offre des œufs de faisans de prix.

Tout compte fait, il est préférable de commencer par la fin et d'acheter des reproducteurs.

A ceux, cependant, qui voudraient employer le premier moyen, je conseillerai de déballer les œufs à l'arrivée, de les placer dans un endroit frais et peu éclairé, à l'abri des trépidations de la rue, et de ne les confier à la poule couveuse que trente-six heures après l'arrivée, après les avoir légèrement passés à l'eau à peine tiède et les avoir essuyés avec un linge doux.

Mais, je le répète, je n'engage pas à adopter cette manière de peupler les volières. Elle est trop aléatoire.

Je sais bien que mon conseil ne sera pas suivi,

parce qu'il est rare que l'on consente à mettre à profit l'expérience d'autrui. Tout au moins veut-on vérifier. Cela est arrivé à tout le monde.

Enfin, soit que vous commenciez par là, soit que l'expérience vous y amène, vous avez à vous occuper de l'achat de vos reproducteurs.

Adressez-vous à un éleveur connu, dont l'honorabilité soit indiscutable, et qui soit incapable de vous donner des renseignements inexacts sur les sujets que vous voulez acquérir.

Si votre commande est importante, faites mieux encore : déplacez-vous et allez faire votre choix dans les volières mêmes. Ne vous arrêtez pas à une différence de prix le plus souvent minime. Qu'est-ce qu'une différence de 20 ou 30 francs, lorsqu'il s'agit d'oiseaux de valeur, dont la reproduction peut représenter de dix à vingt fois cette somme ?

Prenez des oiseaux d'un an, de deux ans, de trois ans au plus ; c'est à trois ans qu'ils ont atteint leur maximum de rendement.

Les uns ne reproduiront pas la première année ; ils ne vous donneront des produits que la deuxième année. Les autres reproduiront dès l'année qui suit leur naissance.

Pour éclairer votre choix sans que vous soyez obligé de chercher, dans les chapitres XII à XXVII, les indications qui vous seraient nécessaires, je vous dirai, dès à présent, que les phasianidés, qui prennent leurs couleurs la première année, sont aptes à la reproduction au printemps qui suit leur naissance.

Ainsi, on peut compter sur la reproduction, dans

ces conditions, du vénéré, du versicolore, du faisan commun, du crossoptilon, du Wallich, etc..., tandis que le doré, l'argenté, l'Amherst, les tragopans, le prélat, l'Elliot, le Swinhoé, etc... ne reproduisent que la deuxième année.

La règle n'est toutefois pas sans exceptions. Et ces exceptions ne sont pas bien rares ; mais elles ne se produisent que chez les oiseaux, qui sont nés en avril ou en mai, et auxquels une nourriture rationnelle a donné un développement prématuré.

Vous avez trouvé à peupler vos volières. Les oiseaux sont arrivés.

Si c'est le soir, n'y touchez pas. Placez les paniers dans une pièce fermée et tranquille. Une nuit est bientôt passée. Si vous mettiez vos oiseaux en volière, à l'arrivée, ils se précipiteraient, toute la nuit, contre le grillage et se déchireraient la tête. Ce seraient des faisans perdus.

Le lendemain, au point du jour, après avoir placé, dans la volière, de l'eau fraîche et du grain, vous y entrez avec le panier. Vous coupez la ficelle qui tient la toile servant de couverture, et lorsque l'ouverture suffit largement pour laisser passer un faisan, vous inclinez votre panier, de manière à le mettre sur la tranche et vous laissez sortir l'oiseau comme il l'entend.

Vous vous retirez discrètement et vous observez, mais de loin.

De cette manière, vous n'aurez jamais de ces pointes auxquelles sont surtout sujets les vénérés, pointes qui ne manquent pas de faire battre le cœur de l'éleveur.

Surtout, ne prenez jamais les oiseaux dans les mains.

Si vous ne vous imposez pas à vos pensionnaires, si vous ne faites, près de leur volière, que de courtes apparitions, que vous prolongerez peu à peu, en les rendant plus agréables au moyen de friandises, l'émoi causé par le voyage et le changement de domicile sera vite passé et votre présence sera bientôt désirée. Vous n'aurez pas, sans aucun doute, des oiseaux aussi familiers que si vous les aviez élevés ; mais vous n'aurez plus à craindre ces accès de frayeur folle qui produisent souvent de graves blessures, quelquefois même la mort.

La nourriture sera l'objet de tous vos soins. Elle sera donnée en deux fois, le matin, plus ou moins tôt suivant la saison, l'après-midi, de 2 à 3 heures. Elle consistera en blé, sarrazin, maïs, avoine, orge. Plus vous la varierez, plus vous exciterez l'appétit de vos oiseaux. Les graines seront de bonne qualité, sans mauvais goût.

Vous y adjoindrez une bonne ration de verdure : chicorée sauvage, ortie blanche, séneçon, laceron, pissenlit, chou, laitue, scarole, chicorée, mâche, seront tour à tour appréciés, suivant la saison. De la verdure, beaucoup de verdure ! vous n'en donnerez jamais trop.

Du 20 au 25 février, vous aurez à préparer vos oiseaux à l'acte de la reproduction.

. Je ne vous apprendrai rien en vous disant que

plus ils seront vigoureux, plus votre rendement
sera considérable. Il est donc nécessaire de leur
donner un coup de fouet, sans toutefois dépasser la
mesure ; car, en cherchant la fécondité, vous pourriez ne trouver que la stérilité.

Supprimez le grain, le matin, et remplacez-le par
une pâtée composée de farine de biscuit de troupe,
de poudre toni-nutritive ou de sang desséché et de
verdure, le tout en proportions égales (vous pouvez
remplacer la poudre toni-nutritive et le sang par
des œufs durs). Vous serez surpris du résultat :
vous obtiendrez en œufs un rendement de 15 et
même de 20 0/0 plus élevé.

Dans l'après-midi, même repas qu'en temps ordinaire, beaucoup de verdure.

Je ne suis pas partisan du chènevis, dont l'admi-
nistration offre quelques dangers et qui agit sur les
oiseaux comme l'alcool chez les hommes. Rendons
le sang plus généreux, mais n'excitons pas trop.

Nous sommes à la fin de mars. Vos Elliot ont
déjà commencé à pondre, vos Chinquis aussi. Les
autres hôtes de vos volières, l'œil brillant, bordé
d'un rouge éclatant, la démarche fière, ne touchant
pas terre, semblent répondre « Présent ! » à votre
coup d'œil interrogateur.

Ils sont prêts à remplir leur devoir, tout leur
devoir.

Vous avez, dans un coin de la cabane, disposé un
abri pour les pondeuses. C'est là que vous trouverez
dans un trou creusé par la poule, l'œuf si désiré, si
impatiemment attendu.

Le vénéré, le crossoptilon, le Wallich et bien d'autres, utiliseront généralement l'abri que vous leur aurez offert.

D'autres, comme le versicolore, pondront un peu partout, au petit bonheur.

En quelque endroit, du reste, que se trouve l'œuf, vous le recueillerez facilement, puisque la disposition longitudinale de votre volière vous permet de vous introduire, soit par une porte, soit par l'autre, en refoulant les oiseaux dans la partie opposée, sans qu'ils songent à s'enlever.

Les faisans observeront, en ce moment, vos allures. J'en ai eu qui se posaient carrément devant moi et ne me quittaient pas des yeux. Un coq vénéré, entre autres, ne manquait pas l'occasion de me tenir un discours ponctué de modulations étranges. Il cherchait sans doute à m'attendrir ; nous étions, d'ailleurs, très bons amis.

Je n'ai jamais pu le tromper.

Évitez donc que vos oiseaux vous voient ramasser leurs œufs ; ils pourraient, par dépit, se mettre à les manger.

Faites la récolte au moment où vous distribuez la nourriture ; c'est le meilleur moyen.

En vous disant que les oiseaux pourraient manger leurs œufs, je ne fais que répéter ce qui a été dit et écrit ; car cela ne m'est jamais arrivé.

Peut-on recueillir les œufs plusieurs fois par jour ?

S'ils se trouvent dans les abris adoptés par les poules, laissez-les jusqu'au lendemain matin. S'ils ne sont pas cachés, s'ils sont en danger d'être écrasés par les oiseaux, prenez-les, lorsque vous les découvrez, mais employez les précautions d'usage.

Pour que les œufs soient fécondés d'une manière régulière, il est nécessaire et indispensable que les reproducteurs jouissent de la tranquillité la plus complète. Il faut non seulement qu'ils soient à l'abri des visites, mais encore qu'ils ne puissent se voir de volière à volière.

C'est pour cette dernière raison que, dans l'établissement de vos volières, je vous ai conseillé d'employer, pour les séparations, 2 planches 1/2, ce qui donne une hauteur de $0^m,575$, suffisante même pour les espèces de grande taille.

Si vos volières sont situées dans un endroit fréquenté, garnissez-les, à l'extérieur, de toile d'emballage, pour que vos oiseaux soient bien chez eux et ne soient pas distraits. La faible dépense, que vous aurez faite vous sera rendue avec usure.

Vous n'aurez même pas fait une dépense supplémentaire ; car cette toile, que vous supprimerez après la ponte, pourra vous servir à garnir vos paniers d'expédition, comme il sera dit dans le chapitre IX.

En opérant ainsi, vous aurez, dans la mesure de vos moyens, diminué considérablement le nombre des œufs clairs.

Lorsque la ponte est terminée, il est temps de supprimer progressivement la pâtée, qui, à la longue, rendrait les oiseaux pléthoriques. C'est le moment de donner des graines rafraîchissantes, comme le petit blé, l'orge, le maïs, en y ajoutant beaucoup de verdure. En peu de temps, vos chers pensionnaires se remettront de leurs fatigues, s'ils sont l'objet de soins attentifs. Reprenez alors la nourriture habituelle en la variant : blé, sarrazin, orge, maïs, avoine, etc., de l'eau fraîche tous les jours et même plusieurs fois par jour en été.

Ici se pose la question de savoir quel est le meilleur abreuvoir.

On a, pendant un certain temps, vanté les abreuvoirs siphoïdes, en fer étamé. J'en ai usé, j'en use encore. Ils sont très commodes, très maniables, mais peu faciles à nettoyer à l'intérieur. J'ai fini par adopter, pour l'été, des vases en terre vernie, qui tiennent l'eau plus fraîche que les récipients métalliques et qui joignent à cet avantage celui d'être d'un prix modique. En hiver, je me sers, faute d'autres, d'abreuvoirs siphoïdes en fer, que j'ai le soin de nettoyer souvent en y introduisant du plomb de chasse ou même de la grève et secouant énergiquement, comme l'on fait pour rincer les bouteilles.

Il ne serait pas possible de se servir, en hiver, d'abreuvoirs en terre : aucun ne résisterait à la gelée.

Les mauvais jours sont venus. La gelée, la neige, jettent leur note triste dans les volières. Les oiseaux, accroupis sur leurs perchoirs, ont perdu leur activité et regrettent les beaux jours. Mais vienne un rayon de soleil ! vous les verrez s'étendre avec volupté dans le sable de leur cabane et se poudrer joyeusement.

Ne craignez rien. Les frimas n'altèreront pas leur santé. D'une rusticité à toute épreuve, habillés pour la vie en plein air, ils supporteront, sans souffrir, les hivers les plus rudes.

Ne croyez pas que je m'avance trop.

L'hiver de 1890-1891 a été exceptionnellement rude ; cependant presque tous mes faisans ont passé les nuits les plus froides sur leurs perchoirs extérieurs sans abris. Ils préféraient ces perchoirs à ceux des cabanes.

Ce n'est pas à dire pour cela qu'il faille les faire ou les laisser coucher à la belle étoile. Non, il est certain qu'un bon abri est plus hygiénique.

CHAPITRE III

HYGIÈNE ET MALADIES DES ADULTES.

Avant de continuer la série de nos opérations, je crois qu'il est temps de nous occuper de l'hygiène et des maladies des adultes, ne serait-ce que pour en finir au plus tôt avec cette épée de Damoclès toujours suspendue sur la tête de l'éleveur : l'*épidémie*.

En thèse générale, les oiseaux bien soignés ne sont pas malades.

J'entends par oiseaux bien soignés, ceux qui ont un parcours suffisamment étendu, dont l'alimentation ne laisse rien à désirer, tant sous le rapport de la quantité que sous celui de la qualité, qui ont de l'eau pure, dans des abreuvoirs propres et lavés tous les jours, dont la cabane est bien exposée, dont les excréments ne séjournent pas des mois entiers sous les perchoirs et enfin qui ne manquent jamais de verdure.

En un mot, si vous voulez éviter les maladies,

suivez religieusement les règles de l'hygiène, qui sont les mêmes pour tous les animaux.

Tous les mois, en hiver, tous les quinze jours en été, faites enlever les déjections accumulées sous les perchoirs.

De temps en temps, faites-en autant pour la couche superficielle de la cabane, que vous remplacerez par du sable bien sec.

Tous les ans, au moins une fois, renouvelez, *à fond*, le sol de la cabane et celui du parc de la volière, que vous aurez, au préalable, arrosés avec de l'eau crésylée à 2 0/0.

Lavez toutes les planches et les perchoirs avec le même liquide.

L'acide sulfurique et l'acide phénique pourraient également être employés à la même dose.

Ces précautions éloigneront certainement de votre élevage toute maladie infectieuse.

Vous aurez bien rarement l'occasion de faire suivre un traitement à vos adultes. Une légère diarrhée, un peu de constipation, voilà les cas qui se présenteront ordinairement.

Contre la *diarrhée*, vous emploierez la pâtée au vin rouge, la pâtée aux œufs durs, à laquelle vous ajouterez quelques granules carminatifs. L'eau de boisson sera additionnée de sulfate de fer.

Contre la *constipation*, vous administrerez, tant que le besoin s'en fera sentir, un pâton de beurre frais, saupoudré d'une prise de rhubarbe.

Et puis, voulez-vous que je vous dise ? Eh bien ! laissez agir la nature, à moins que vos oiseaux ne mangent plus que du... bout du bec.

S'ils mangent, si leur nourriture est variée, si la verdure ne leur fait pas défaut, ils surmonteront facilement ces indispositions passagères.

Pour les autres cas qui pourraient se présenter, on trouvera les indications nécessaires dans le chapitre qui traite des maladies des jeunes.

CHAPITRE IV

DE L'INCUBATION. — COUVEUSES ET ÉLEVEUSES ARTIFICIELLES. — POULES COUVEUSES ET ÉLEVEUSES. — BOITES A COUVER — HYGIÈNE DES COUVEUSES. — DURÉE DE L'INCUBATION.— FAISANES COUVEUSES. — GUERRE AUX PRÉJUGÉS.

Nous avons fait une courte digression pour écarter de notre chemin les maladies des adultes. Nous reprenons maintenant l'ordre naturel que nous avons adopté.

A mesure que vous avez recueilli les œufs, vous les avez déposés dans des boites plates, garnies de sciure de bois ou de grain, placées dans un endroit frais, peu éclairé et à l'abri des trépidations de la rue. Chaque jour, vous les avez retournés, afin que le jaune conserve sa mobilité, condition essentielle du succès.

Aussitôt que vous le pouvez, vous confiez vos œufs, soit à un incubateur artificie', soit à une poule.

Plus les œufs seront frais, meilleur sera le résultat.

Gardez-vous bien d'attendre plus de trois semaines avant de les faire couver. Vous vous exposeriez à une déception ; car les œufs ne conservent leurs propriétés vitales que pendant un certain temps. Aussi serait-il fort imprudent de dépasser la limite fixée par la plupart des praticiens.

En admettant même que vous obteniez des naissances, vous auriez de grandes chances pour avoir dans votre élevage une succursale de la *Cour des miracles*.

Mais à qui confierez-vous vos œufs ? A un incubateur artificiel ou à une poule ?

La couveuse artificielle est certainement très commode. Elle réussit quelquefois, souvent même si elle est bien conduite, toujours si elle est entre les mains d'un praticien expérimenté. Mais peut-on raisonnablement s'exposer à la perte de 50, de 100 œufs, alors que les poules couveuses sont si sûres ?

« — Très bien, me dira-t-on, si vous n'avez pour auxiliaire que des poules, vous serez obligé de nourrir une quantité considérable de volailles, pour avoir toujours, sous la main, une couveuse prête à recevoir vos œufs. »

C'est vrai.

Cependant, si vous employez les poules reconnues aptes à ce service, vous serez certain qu'elles ne manqueront pas de demander à couver au moins une fois, souvent deux fois pendant la saison. Vous n'aurez donc pas à craindre les non-valeurs.

Puis, ces poules vous donneront des œufs dont le produit atténuera les frais de nourriture. Si même vous recrutez vos couveuses, en partie dans les races asiatiques, vous obtiendrez des œufs pendant l'hiver, saison pendant laquelle nos poules cessent de pondre.

Enfin je vous citerai le proverbe :

Qui veut la fin, veut les moyens.

Je crois donc que si l'emploi des couveuses artificielles s'impose pour la multiplication des poulets, il est prudent de le proscrire lorsqu'il s'agit de la reproduction des oiseaux de faisanderie.

Cette proscription entraîne naturellement celle des éleveuses artificielles.

Toutefois, ces dernières peuvent être utilisées dans certains cas, par exemple, lorsque l'éleveuse naturelle n'accepte pas ses élèves, qu'elle est malade, qu'elle meurt, sans que l'on ait, à sa disposition, une poule de bonne volonté consentant à adopter les abandonnés ou les orphelins.

J'ai possédé une poule nègre, excellente couveuse, qui, à la tête de douze jeunes versicolores, leur a, pendant quelques jours, prodigué les soins les plus tendres. Puis, subitement, et sans cause appréciable, elle les a pris en grippe et en a tué huit.

Fort embarrassé, n'ayant aucune poule disposée à reprendre les fonctions de la marâtre, je me suis décidé à mettre, sous une éleveuse à eau chaude et à briquettes, les quatre petits malheureux survivants.

Quatre fois par jour, je leur donnais la liberté dans un petit parc attenant à l'éleveuse et muni d'un abreuvoir et d'une planchette à rebords sur laquelle je déposais une nourriture appétissante : œufs et verdure hachés et œufs de fourmis.

Peu à peu, les petits versicolores s'enhardirent, becquetèrent et finirent par manger de fort bon appétit. Lorsque le repas était terminé, et que la récréation me paraissait suffisante, je les replaçais sous l'éleveuse. Quelques jours après, ils rentraient d'eux-mêmes.

Lorsqu'ils furent assez forts pour être mis en volière, ils prirent des habitudes de vagabondage et ne rentrèrent plus sous leur mère artificielle. La température était plus douce, les plumes étaient plus abondantes, la chaleur pendant la journée n'était plus aussi nécessaire.

Aussi me contentais-je de les abriter, dans l'éleveuse, les jours de pluie et pendant la nuit, jusqu'à ce qu'ils eussent atteint l'âge de deux mois.

À partir de cet âge, je les laissai complètement libres.

Je n'en perdis aucun ; ils se développèrent rapidement, sans que la moindre maladie vînt les atteindre.

Ils me donnèrent certainement une grande besogne ; mais l'amateur ne considère pas, comme un travail pénible, les soins qu'il donne à ses chers petits élèves. Puis, n'est-il pas bien récompensé, lorsqu'il a réussi à sauver du trépas des oiseaux fatalement condamnés ?

Ces quatre petits réchappés, un coq et trois

poules, n'ont pas été vendus et sont aujourd'hui des sujets magnifiques comme taille, comme beauté et comme santé. Ils composent l'un de nos plus beaux parquets.

Si donc vous voulez m'en croire, n'admettez pas les couveuses artificielles dans votre élevage d'oiseaux de faisanderie, mais soyez muni d'une ou deux petites éleveuses qui, le cas échéant, vous rendront de grands services.

Et remarquez que l'inconvénient que je vous ai signalé plus haut (obligation de faire rentrer les petits) disparaîtrait probablement si, au lieu d'avoir à élever, par ce moyen, des oiseaux farouches comme les versicolores, vous aviez à vous occuper de faisans moins craintifs.

Nous allons maintenant passer en revue quelques espèces de poules couveuses.

Vous pouvez avoir, dans vos volières, des oiseaux de petite taille, comme le faisan commun, le versicolore, le doré, l'Amherst, etc..., et des reproducteurs de grande taille, comme le crossoptilon, le Wallich, etc...

De là, la nécessité de posséder des couveuses de tailles diverses.

Nous n'avons que l'embarras du choix. Pour les œufs petits, fragiles, prenez la petite poule anglaise, le Bantam, le Nangasaki, le combattant nain.

Pour les œufs plus gros, la poule nègre.

Et enfin pour les œufs très gros, la Wyandotte et même la poule de ferme éprouvée par quelques jours d'attente.

L'emploi de cette dernière vous sera très profitable, attendu qu'il vous permettra de diminuer votre personnel. Vous en trouverez autant que vous en voudrez, en majorant légèrement les prix du marché.

La première catégorie de ces poules vous servira pour les œufs du faisan doré, de l'Amherst, du versicolore, etc...

La deuxième, pour les vénérés, les argentés, les Swinhoé, etc...

La troisième , pour les Wallich , les crossoptilons, etc...

Choisissez, dans chacune de ces catégories, la poule qui vous plaît le plus ; toutes ont de grandes qualités. Mais celle qui l'emporte sur toutes les autres, c'est la poule nègre qui, malheureusement, comme je l'ai dit plus haut, reconnaît quelquefois qu'elle a été trompée et qu'elle élève les enfants d'autrui.

Ce cas est si rare, qu'on peut en courir le risque, si l'on est pourvu d'une éleveuse artificielle.

Une bonne poule, assez peu employée, c'est le combattant. Vous en trouverez de toutes les tailles, de sorte qu'à la rigueur cette race pourrait suffire, ce qui simplifierait l'installation de votre basse-cour.

Vous avez fait votre choix.

Je ne m'attarderai pas à vous parler du logement de vos poules. Vous savez, comme moi, qu'elles ont besoin d'une habitation chaude en hiver, fraîche en été, exempte d'humidité et toujours tenue dans le plus grand état de propreté.

Vous savez aussi que les murs et les perchoirs doivent être, de temps en temps, passés à l'eau bouillante, puis à la chaux. C'est le moyen de tuer la vermine.

Lorsqu'une poule demandera à couver, laissez-la à l'essai pendant quelques jours pour vous assurer que ses dispositions sont durables.

Portez-la le soir dans la boîte à couver, garnie de paille douce, que vous aurez disposée en forme de nid et que vous aurez saupoudrée de poudre insecticide. Vous aurez, au préalable, placé les œufs, que vous aurez essuyés légèrement avec un linge humide pour enlever les matières grasses et les autres impuretés, dont la présence pourrait nuire au développement normal des poussins.

Comme boîte à couver, on est naturellement amené à employer une caisse bien fermée, pour éviter la visite de la belette, de la fouine ou du putois, ni trop petite, ni trop grande, de 40 à 50 centimètres de côté, grillagée dans le haut sur deux côtés opposés pour le renouvellement de l'air, et percée, dans le bas, de trous pour l'écoulement de l'acide carbonique, qui, plus dense que l'air, se concentrera sur le plancher de la boîte.

Chacune de vos boîtes portera un numéro d'ordre.

Les couveuses seront, autant que possible, placées dans un endroit tranquille, frais et sombre.

Vous ne leur confierez pas plus d'œufs qu'elles ne pourraient en couver. Sous ce rapport, il vaut mieux rester en dessous qu'en dessus. La réussite de vos couvées en dépend.

Vous vous serez pourvu de cages à poulets en

quantité proportionnée au nombre des couveuses en exercice.

Chacune de ces cages sera munie d'une fiche en carton ou en bois, portant un numéro d'ordre comme les boîtes à couver.

Vous aurez également préparé, dans votre couvoir, un espace bien sablé. C'est là que vos couveuses prendront leur nourriture et se poudreront.

Tous les jours, à la même heure, vous placerez, sur le sol, les cages qui, en temps ordinaire, seront fixées au mur. Vous ouvrirez vos boîtes d'incubation. Vous en tirerez doucement les couveuses, qui seront placées dans les cages correspondantes, munies d'eau et de grain.

Vous donnerez à vos poules vingt minutes de liberté, un peu moins s'il fait froid et vous laisserez ouverte la boîte à couver, afin que l'air puisse se renouveler.

En vingt minutes, si vous avez assez d'espace et assez de cages, l'opération sera terminée. Vous recoucherez vos couveuses ; vous accrocherez vos cages ; puis vous enlèverez le sable et vous préparerez votre terrain pour le lendemain.

C'est, vous le voyez, lestement fait. De cette manière, vous n'aurez pas à craindre que vos poules contractent le germe d'une maladie infectieuse, qu'elles ne manqueraient pas de communiquer à leurs petits.

De plus, comme chaque couveuse sera toujours placée sous la même cage, un cas de maladie ne saurait se propager.

Pendant toute la durée de l'incubation, observez

vos couveuses avec sollicitude ; regardez sous les ailes ; si elles sont tourmentées par la vermine, vous ne manquerez pas de vous en apercevoir. Dans ce cas, insufflez-leur de la poudre insecticide sous les ailes, au croupion et sur le cou.

On voit souvent des couveuses mourir sur leurs œufs, absolument épuisées par la vermine.

La couleur de la crête vous donnera de précieuses indications : si elle vient à blanchir, prenez garde ! l'ennemi est dans la place.

Soutenez alors, par une bonne nourriture, le sujet attaqué et augmentez la dose de poudre insecticide, dont le nid devra être copieusement saupoudré.

Au moment du lever des poules, examinez les déjections.

Contre la diarrhée, vous administrerez une pâtée de pain et de jaunes d'œufs.

Contre la constipation, du pain humecté de lait et bien pressé.

Pas de sarrazin, rien que du blé, de l'orge et du maïs mélangés ou donnés en alternant.

Et vous arriverez ainsi, sans accident, au moment où vous entendrez les premiers pépiements de vos petits poussins.

Ce ne sera pas pour vous une surprise, si vous consultez le tableau suivant, qui indique la durée de l'incubation pour les œufs des phasianidés les plus connus :

Faisan commun........... 23 jours.
    — de Mongolie....... 23 —

Faisan vénéré.............	24	jours.
— versicolore.........	24	—
— doré...............	21	—
— de Lady Amherst..	24	—
— argenté	24	—
— de Swinhoé........	25	—
— de Wallich	27	—
— d'Elliot............	25	—
— prélat.............	24	—
Crossoptilon, oreillard.....	26	—
Tragopan.................	29	—
Lophophore	30	—
Eperonnier chinquis.......	21	—
— de Germain ...	21	—

Il est probable qu'avant d'entendre les premiers cris de vos petits élèves, vous aurez profité du lever des couveuses pour examiner, les uns après les autres, les œufs, dont l'incubation touche à son terme.

Ce n'est pas sans une certaine émotion que vous aurez constaté que les petits becs se sont déjà escrimés contre les parois de l'œuf et que de petits éclats se sont produits.

La couveuse est impatiente de regagner son nid.

Donnez-lui satisfaction aussitôt qu'elle aura pris quelque nourriture et ne la tourmentez plus jusqu'au lendemain.

C'est dur ; mais il le faut.

Ne cherchez pas à hâter le travail de la nature ; vous feriez saigner le poussin, et ce n'est pas au moment où il a besoin de tout son sang, qu'il faut lui en enlever. Tout viendra à point, si le sujet est vigoureux ; s'il ne l'est pas, que vous importe sa mort ? Il n'aurait été pour vous qu'une non-valeur, une bouche inutile.

Si les poules, dont vous avez fait choix, couvent avec tout le soin désirable, il n'en est généralement pas de même des faisanes en volière.

Elles demandent rarement à couver, et sont sujettes à caution.

Je ne vous conseille donc pas de mettre à profit leur bonne volonté, lorsqu'elle se manifeste.

D'une part, la ponte serait moins abondante que si vous enleviez les œufs chaque jour.

D'autre part, vous seriez obligé de faire passer le coq dans une autre volière, pour éviter le massacre des petits. Ce serait un grand embarras.

Contentez-vous donc de vos bonnes petites poules couveuses, qui, certainement, vous donneront toute satisfaction.

Je ne m'étendrai pas sur les maladies qui peuvent atteindre vos poules. N'ayant que peu de valeur, et n'étant pour vous que des instruments, elles ne peuvent pas être traitées, comme le sont les poules qui font l'objet d'un élevage spécial.

Vous ne pouvez pas et ne devez pas conserver des malades à côté de vos volières.

Aussi vous conseillerai-je de sacrifier impitoyablement tout sujet affecté de toux, éternuement, pépie ou d'une autre maladie, pouvant se propager, soit par l'air, soit par l'abreuvoir.

Vous éviterez ainsi bien des ennuis, bien des regrets.

Avant de terminer ce chapitre, j'ai à vous entretenir de deux préjugés, qui ont généralement cours à la campagne et même dans certains élevages.

Le premier a trait à l'influence des commotions électriques sur le sort des couvées.

J'en ai bien entendu parler ; j'ai bien souvent reçu les doléances de personnes de la campagne, m'affirmant que des poulets complètement formés et sur le point de naître, avaient été tués par un coup de tonnerre. Pour mon compte, je n'ai jamais, que je sache, perdu, de ce fait, ni un poulet, ni un faisan [1].

Jusqu'à preuve du contraire, je n'admets donc pas l'influence de l'électricité sur les couvées.

Quant au second, il est assez amusant.

Si vous voulez avoir des poussins vigoureux et croissant rapidement, mettez vos œufs en incubation vers le premier quartier de la lune.

Si vous êtes un mécréant, vous pourrez ne faire cette opération qu'entre la pleine lune et le dernier quartier.

Vous verrez alors, à votre confusion, ce que vous obtiendrez : des sujets faibles, toujours maigres et ne poussant pas.

Il en est, du reste, de même pour les légumes, pour les cheveux, ce qui permet aux personnes soucieuses de leurs intérêts d'économiser une coupe de cheveux par an.

---

[1] En 1891, l'auteur a mis en incubation 350 œufs de phasianidés. Les orages ont été assez fréquents, cependant les couvées ont été exceptionnellement belles.

CHAPITRE V

NAISSANCE DES POUSSINS. — SOINS ET NOURRITURE. — BOITES ET PARQUETS D'ÉLEVAGE. — HYGIÈNE.

Lorsque vous avez constaté que la naissance de vos poussins était proche, vous avez abrégé la récréation de la mère, que vous avez replacée sur les œufs cinq minutes après l'avoir levée.

Peut-être aurez-vous eu la patience d'attendre jusqu'au lendemain avant d'ouvrir à nouveau la boite à couver.

Je le désire pour vous ; car ce n'est pas le moment de compromettre une opération naturelle qui parait être en bonne voie.

A votre arrivée dans le couvoir, vous entendez de petits cris qui vous ravissent d'aise.

Vous levez la poule en la prenant délicatement par les ailes et en lui passant la main sous le ventre, pour qu'elle n'entraine pas avec elle un ou plusieurs de ses petits.

Quelle joie ! Toute une famille remue, grouille, chante dans le fond. C'est à qui montera sur le dos de son voisin pour escalader le nid et pour chercher instinctivement la liberté.

C'est un fouillis de petits yeux brillants, de charmants petits minois d'une grâce incomparable.

Aussitôt que la mère aura mangé, vous la remettrez sur le nid, après avoir enlevé les poussins, que vous lui rendrez lorsqu'elle sera placée. Vous éviterez ainsi les accidents.

Vos petits n'ont absolument besoin de rien. — A demain !

Le lendemain, l'éclosion est presque complètement terminée ; les retardataires se sont décidés à naître ; il ne reste que quelques œufs qui ne sont pas bêchés.

Il est bien probable que ces œufs ne valent rien. Pour vous en assurer, plongez-les dans une cuvette d'eau chauffée à la température de la poule environ 40°. S'ils sont habités par un être vivant, ils danseront, sinon, ils resteront immobiles ou couleront à fond.

Ce moyen très simple vous permettra de vous débarrasser sans regret d'œufs que vous ne pourriez pas laisser avec vos poussins.

Vingt-quatre heures après avoir, pour la première fois, vu votre nouvelle famille, vous levez la poule et vous la placez, avec ses petits, sous la cage, sur un terrain bien sec, couvert d'une légère couche de menue paille, pour éviter le froid aux pattes.

Vous déposerez devant elle une planchette peu

épaisse, sur laquelle vous aurez émietté un jaune d'œuf.

La bonne mère appellera aussitôt : « *A table* » et cherchera, par une pantomime très active et par ses cris d'encouragement, à exciter l'appétit de tout son monde.

Vous verrez les petits, examinant leur mère, essayant de l'imiter, piquant à côté, jusqu'au moment où, enfin, ils gagnent à tout coup.

Il ne faut pas que la première récréation soit longue. Vos poussins ne sont pas encore tous vigoureux. Leur duvet n'est pas très épais et vous devez éviter les refroidissements avec le plus grand soin.

C'est pour cela qu'au lieu de supprimer le nid, dès le premier jour, je le garde jusqu'au troisième jour, en ayant soin de le saupoudrer de poudre insecticide.

Vous lèverez vos petits quatre fois le premier jour. Le deuxième jour, les récréations seront un peu plus longues, sans cependant aller jusqu'à la fatigue. La nourriture sera la même.

Le troisième jour, vos jeunes élèves sont déjà familiarisés avec le monde extérieur ; ils savent manger ; ils n'ont plus autant besoin de la présence immédiate de leur mère ; ils savent enfin se débrouiller.

C'est le moment de vous servir de la boîte d'élevage.

« — Mais, me direz-vous, voilà bien des boîtes, et pour peu que j'aie une quinzaine de couveuses, je vais me trouver à la tête d'un matériel considérable et par conséquent fort gênant. »

Ne vous effrayez pas, nous trouverons le moyen de tout concilier.

La boîte d'élevage peut avoir les mêmes dimensions que la boîte à couver ; elle peut être construite exactement de la même manière, même mode d'aération, même couvercle.

Elle est munie, sur un de ses côtés, de deux ouvertures contiguës, séparées par un montant en bois, et de dimensions telles que les petits puissent pénétrer dans la boîte où la mère est retenue prisonnière.

Vous voyez que vos boîtes à couver et vos boîtes d'élevage ne diffèrent qu'en ce que ces dernières sont pourvues d'ouvertures pour le passage des petits.

Eh bien ! Percez ces ouvertures dans vos boîtes à couver ; fermez-les temporairement avec du carton ou du bois mince, et lorsque vous voudrez les utiliser pour l'élevage des petits, vous rétablirez les ouvertures.

Il est donc établi que vous vous servez de boîtes à deux fins.

Mais alors n'oubliez pas, qu'après l'incubation, elles doivent être désinfectées à fond, soit à l'acide phénique, soit à l'acide sulfurique, à la dose de 2 0/0 et être laissées un certain temps inoccupées. Il suffira d'avoir une ou deux boîtes d'avance.

Vous garnissez de menue paille le fond d'une de ces boîtes, et, après y avoir enfermé la poule, vous lui rendez ses petits. Puis vous placez contre la boîte un parquet d'élevage d'où vos élèves ne sortiront que lorsqu'ils auront atteint un certain développement.

Ce parquet est fait avec une planche de sapin de 0^m,23 de largeur, provenant d'un madrier scié à trois traits et fournissant, par conséquent, quatre planches.

La largeur de la planche donne la hauteur du parquet : les autres dimensions sont : longueur 1 mètre, largeur 0^m,75, ce qui permet de passer par toutes les portes.

Vous avez ainsi un coffre que vous placez sur un plancher mobile, construit avec les mêmes matériaux. L'un des petits côtés du coffre présente une ouverture correspondant à celle de la boîte d'élevage.

Le dessus est fermé par un châssis étroit, garni de filet ou de grillage, mais plutôt de filet, à cause du danger que présente le grillage lorsque les petits s'enlèvent.

N'employez pas de filet à mailles trop larges ; vous courriez le risque de trouver, un beau jour, des pendus.

Vous répandez de la menue paille ou du sable bien sec sur le plancher du parquet et vous avez ainsi un fond bien sain et facile à nettoyer.

Vous placez dans le parquet un petit abreuvoir et une augette très basse.

Vos poussins sont installés à l'abri du froid et de la pluie, dans une pièce chauffée pendant les premiers jours.

Lorsqu'ils auront faim, lorsqu'ils éprouveront le

besoin de prendre un peu d'exercice, ils sortiront de la boîte, puis y rentreront pour se réchauffer sous le ventre de leur mère.

A partir du quatrième jour, vous ajouterez au jaune d'œuf le blanc et la coquille bien pulvérisée, et vous en ferez une pâtée, avec un peu de farine de biscuit de troupe et de la verdure finement hâchée.

A défaut de farine de biscuit de troupe, servez-vous de mie de pain bien rassis.

Quatre repas par jour, et, à chaque repas, quelques larves de fourmis. Voilà l'ordinaire.

Vous continuerez ainsi, en augmentant progressivement la quantité de farine de biscuit ou de mie de pain et la quantité de larves de fourmis, jusqu'au huitième jour, sans cependant abuser de cette nourriture animale, qui pourrait provoquer la diarrhée.

A partir de cet âge, ne craignez pas de doubler la ration de verdure ; ajoutez à la pâtée un peu de riz ; mais évitez que ce mélange forme des paquets, des grumeaux que vos faisandeaux n'attaqueraient certainement pas. Plus la nourriture sera granulée, mieux elle sera acceptée.

La farine de biscuit a besoin d'être légèrement humectée ; servez-vous, pour cela, de l'eau de cuisson du riz. Vous éviterez ainsi bien des maladies d'intestins.

Vos élèves ont quinze jours ; ils sont gais et bien portants. Vous avez profité des belles journées ensoleillées pour leur faire respirer l'air vivifiant du printemps ; mais vous n'avez pas manqué de les tenir à l'ombre ou d'affaiblir les rayons du soleil au moyen de toiles ou de branchages. Enfin, vous avez fait rentrer, sans faute, tout votre petit monde avant quatre heures.

Le moment est venu de jeter, dans vos parquets, quelques graines comme : millet, alpiste, moha et d'en introduire dans la pâtée. Vos élèves profiteront de vos trouvailles en insectes, en vers. dont ils sont très friands. De la verdure, beaucoup de verdure : laitue, pissenlit, ortie blanche, chicorée sauvage, chou, séneçon, laceron.

Observez vos petits avec la plus grande attention. Surveillez les déjections et modifiez la ration d'après les indications qu'elles vous donneront.

Diminuez la verdure et augmentez la quantité d'œufs si la diarrhée se montre.

Forcez en verdure, si le contraire se présente.

Nous aurons, du reste, l'occasion de revenir sur ce sujet, dans le chapitre VII, qui sera consacré aux maladies des jeunes faisans.

Pendant toute cette première période de l'élevage, vos oiseaux se trouvent confinés dans un espace restreint. Veillez donc avec le plus grand soin à ce que la boîte et le parquet soient nettoyés et que la menue paille soit renouvelée chaque jour. Vous profiterez de ce moment pour lever la poule et lui donner à manger loin de ses petits, dans un endroit où elle puisse se poudrer.

CHAPITRE VI

MISE EN VOLIÈRE. — AMÉNAGEMENT DES VOLIÈRES D'ÉLEVAGE.

Lorsque vos poussins sont à l'étroit et que, mieux couverts, ils peuvent impunément braver, sous un abri, la fraîcheur des nuits, c'est-à-dire vers l'âge de trois semaines à un mois, plus tôt même si le printemps est, par exception, doux, vous les mettez en volière et c'est pour vous un grand débarras ; car les couvées se succèdent rapidement et l'espace vous manque.

Vous serez même quelquefois obligé, pour cette raison, de hâter l'époque de l'émancipation.

Vous rangerez le parquet d'élevage et vous porterez, dans la cabane de la volière, la boîte contenant la mère et ses petits.

Vous aurez, au préalable, fermé le devant de la cabane au moyen de toile d'emballage et vous aurez, dans le bas, ménagé, pour le passage des petits, une ouverture que vous pourrez fermer à volonté au moyen d'une planche, et qui fera communiquer la cabane avec le parc de la volière, semblable, du reste, à celle des adultes.

Les petits sont, dans la cabane, exactement dans les mêmes conditions que dans leur parquet ; seulement, ils ont plus d'espace.

Lorsque le temps sera beau, vous leur donnerez la liberté complète. Ils courront de la cabane dans le parc, s'élanceront joyeusement sur les arbustes, puis retourneront vers leur mère, pour trouver la chaleur dont ils ont encore besoin. Ce sera un va-et-vient dont l'effet utile sera bientôt appréciable. Le soir et les jours de pluie ou de froid, vous laisserez la cabane fermée.

Vous avez peu à peu augmenté la proportion de grain ; vous avez progressivement diminué la pâtée ; mais autant que vous l'avez pu, vous n'avez pas diminué la ration animale, les insectes, hannetons, larves de fourmis, etc... la poudre toni-nutritive, le sang desséché, et vous avez distribué de la verdure à discrétion.

Vos élèves ont de six à huit semaines ; ils se nourrissent presque exclusivement de graines ; le petit blé est entré dans l'alimentation.

Ils vont commencer à se percher.

Lorsqu'ils montreront cette velléité, vous donnerez la liberté à la poule, que vous renverrez à la basse-cour, et vous laisserez, en place, la boîte d'élevage qui peut servir encore à quelques retardataires.

Ce n'est que lorsque tous vos faisandeaux se

percheront que vous supprimerez définitivement la boîte.

Vous pourrez alors enlever la toile qui les retient prisonniers ; ils ne manqueront pas de se réfugier dans leur cabane, lorsque le temps sera mauvais.

Pas de perchoirs en dehors. La vie en plein air est la vie du faisan ; quelque temps qu'il fasse il abandonnera la cabane pour se percher à la belle étoile.

Or, si le faisan adulte peut, sans grands inconvénients, passer ses nuits en plein air, il n'en est pas de même du faisandeau, que son jeune âge rend plus accessible aux maladies de toute nature.

La pâtée est supprimée. Vos faisans se nourrissent comme les adultes. Vous exciterez leur appétit en variant le plus possible leur ordinaire. Vous donnerez beaucoup de verdure et vous continuerez, dans la limite du possible, les distributions de larves de fourmis, de fourmis, d'insectes de toute espèce, de hannetons surtout, dont vous aurez pu faire des réserves en les faisant sécher.

Dans le cours de vos observations de chaque jour, vous n'aurez pas manqué de remarquer que certains de vos élèves, plus faibles ou plus timides, sont battus par les plus forts ; c'est la loi de nature.

Si vous n'y portez pas remède, vous aurez des sujets mal nourris et sans valeur. Le plus souvent même, une mort prématurée abrégera leurs souffrances.

Séparez-les sans retard de leurs oppresseurs et

lâchez-les dans une autre volière ; quelques jours de tranquillité les feront renaître ; l'appétit, que la crainte leur avait fait perdre, reprendra son cours. Vos oiseaux seront sauvés.

C'est pour éviter le grave inconvénient que je viens de vous signaler, que je ne vous engage pas à réunir des oiseaux d'âge et d'espèces différents.

J'ai, pour faciliter le service et pour faire de la place, opéré plusieurs fois ces réunions. Je m'en suis mal trouvé et j'ai toujours été obligé, après un certain temps, d'effectuer la séparation, heureux lorsque je n'avais pas à regretter la perte de quelques oiseaux.

Dans les conseils que je vous donne, il n'y a évidemment rien d'absolu. Les circonstances, la nécessité, peuvent vous obliger à réunir. Mais alors agissez avec la plus grande prudence ; multipliez les obstacles, les cachettes et éparpillez la nourriture, de manière que les uns ne jeûnent pas, lorsque les autres sont repus.

Ne lésinez pas sur le nombre des perchoirs.

Que les oiseaux soient à leur aise, qu'ils aient l'embarras du choix, et alors ils ne songeront pas à passer, en disputes et en luttes, le temps qui s'écoule entre le crépuscule et la nuit. De cette manière, ils seront casés, lorsque l'obscurité sera arrivée, au lieu d'errer dans la volière, et de se jeter contre le grillage pour finir par passer la nuit dans un coin, exposés au froid et à l'humidité, causes premières de la plupart des maladies.

Suivez en tout les règles de l'hygiène et vous vous en trouverez bien.

Enfin, si vous devez éviter les réunions de faisandeaux d'âge et d'espèces différents, vous aurez également intérêt à ne pas donner à une poule un trop grand nombre d'élèves, qui ne pourraient plus trouver sous leur mère un abri suffisant.

Dix, douze petits suffisent pour une poule. Et encore ce nombre sera-t-il trop considérable, s'il s'agit de Wallich, de crossoptilons, de lophophores, de tragopans, élevés par une poule naine.

C'est pour cette raison, qu'autant que possible, vous devrez placer les œufs de grosses espèces sous des poules dont la taille soit en rapport avec celle des poussins qu'elles doivent élever.

On est quelquefois tenté de donner à une poule couveuse des œufs de diverses espèces d'oiseaux. Ce n'est pas absolument mauvais, si le caractère de ces oiseaux est sensiblement le même et si la croissance n'amène pas de grandes différences de taille et de force.

Mais, croyez-moi, n'élevez pas ensemble, par exemple, des crossoptilons et des Wallich ; ces derniers ne pourraient jamais approcher de la gamelle.

De même pour les vénérés et les versicolores, et pour bien d'autres.

Vous arrivez au moment où vos élèves sont aussi forts, aussi rustiques que leurs parents. Ils vous ont déjà donné bien des satisfactions, mais que de craintes ! Soyez maintenant rassurés ; plus de points noirs à l'horizon ! Vous allez voir vos oiseaux franchir l'adolescence d'un pas rapide.

Les grandes plumes poussent, les queues s'allongent. Dans certaines espèces, vous devinez déjà les coqs ; les couleurs se dessinent ; vous pouvez compter vos couples.

De ce nombre sont : le vénéré, le versicolore, le Wallich, le crossoptilon, le faisan commun, qui, au printemps qui suit leur naissance, sont aptes à la reproduction.

D'autres, comme le doré, l'argenté, l'Amherst, le Swinhoé, les tragopans, le lophophore, l'Elliot, ne prennent leur brillante livrée que la seconde année et ne reproduisent pas la première année.

Il existe cependant des exceptions et l'on pourrait, dans ces espèces, citer bien des cas de reproduction dans l'année qui suit la naissance, lorsque les sujets sont exceptionnellement forts, et qu'ils ont dû à une nourriture animale abondante un développement prématuré.

Dernièrement encore, on annonçait la naissance de jeunes satyres issus d'un couple de première année.

Nous donnerons, du reste, toutes les indications désirables dans les chapitres suivants qui seront consacrés à l'étude des divers gallinacés qui nous intéressent.

Lorsque les coqs sont en couleurs, la guerre commence. Il sera prudent de séquestrer les batailleurs. Vous pourriez faire mieux : séparez les poules et les coqs, la paix renaîtra et vous atteindrez ainsi tranquillement le moment de la vente.

Il est rare que les instincts belliqueux se mani-

festent avant les mois de décembre ou de janvier.
Vous aurez déjà, à cette époque, écoulé une partie
de votre production. Vous aurez donc assez de volières libres, pour que la séparation des sexes ne
vous gêne pas trop.

Je crois, cher lecteur, n'avoir rien oublié de ce
qui peut faciliter la tâche agréable que vous vous
êtes imposée. J'espère que, si vous suivez ponc-
tuellement mes conseils, votre élevage sera fruc-
tueux. C'est mon vœu le plus cher.

CHAPITRE VII

MALADIES DES PETITS.

Si l'hygiène joue un grand rôle lorsqu'il s'agit de maintenir les reproducteurs en bonne santé, elle est d'une importance plus considérable encore dans l'éducation des petits.

Ici nous n'avons pas affaire à des sujets vigoureux, aux organes éprouvés ; nous avons devant nous de petits êtres, élevés artificiellement, extrêmement impressionnables, promptement abattus, pour qui la plupart des maladies ont une terminaison fatale.

Presque toutes les maladies qui frappent nos oiseaux, dans leur jeune âge, sont contagieuses. Aussi ne laissez jamais un malade en contact avec ses frères. Tous seraient bientôt atteints.

Peut-on traiter avec succès de jeunes oiseaux malades ?

J'en doute.

Aussi ai-je pris l'habitude radicale de supprimer

immédiatement tout jeune sujet dont l'état sanitaire me paraît dangereux pour les autres.

Si je ne le supprime pas, la prudence m'oblige de l'isoler. Or, comment isoler un faisandeau, qui a encore besoin de la chaleur de sa mère ?

C'est un oiseau perdu. Mieux vaut donc en faire le sacrifice sans hésitation. On évite ainsi bien des mécomptes.

Mais quand vous avez sacrifié le malade, tout n'est pas fait. Vous devez soumettre les survivants à un traitement préventif ; car il est possible que, soumis aux mêmes influences que le condamné, ils soient dans la période d'incubation.

Ce traitement est exactement le même que celui de la maladie elle-même.

En même temps que vous ferez subir à vos élèves un traitement préventif, vous remplacerez, sans tarder, la boîte d'élevage et le parquet, que vous désinfecterez au moyen d'eau crésylée ou phéniquée à la dose de 2 0/0 de crésyl ou d'acide phénique.

De nombreuses maladies peuvent frapper les faisandeaux.

Nous ne citerons que les plus connues :

1º La diphthérie.
2º La diarrhée.
3º Le ver rouge.
4º Le coryza.
5º Les vers intestinaux.
6º La gale aux pattes.
7º La constipation.

1º *Diphthérie.*

Je ne vous décrirai pas la diphthérie. Je me bornerai à vous en indiquer les symptômes ordinaires et à vous déclarer qu'en présence d'une maladie aussi terrible, aussi menaçante pour les volières, on ne doit pas songer à ouvrir une infirmerie qui serait un véritable centre d'infection.

Faites courageusement la part du feu. Supprimez les malades et enterrez-les profondément, loin de la faisanderie.

La diphthérie est caractérisée par des membranes blanches ou jaunâtres, qui se forment dans le bec, dans le larynx, aux yeux, etc.

Ces membranes peuvent aussi exister dans les poumons, dans le foie et même dans les intestins.

Pour cette maladie comme pour toutes les autres, on consultera avec fruit le savant ouvrage du docteur P. Mégnin.

Si la diphthérie fait son apparition dans un parquet, sacrifiez le malade et après avoir désinfecté, donnez aux survivants de l'eau additionnée de 2 grammes d'acide sulfurique par litre et une pâtée saupoudrée d'une pincée de fleur de soufre.

2º *Diarrhée.*

On distingue la *diarrhée urique* et la *diarrhée bilieuse*.

Vous pouvez guérir une partie de vos malades. Isolez-les s'ils ne sont pas trop jeunes. Donnez à tous les sujets du même parquet de l'eau additionnée d'un peu de sulfate de fer et une pâtée composée de farine de biscuit ou de pain rassis et de jaunes d'œufs, dans laquelle vous incorporerez quelques granules carminatifs.

Supprimez la verdure et veillez à ce que vos élèves n'aient pas froid et n'aient pas les pattes mouillées.

3° *Ver rouge ou gape.*

Le ver rouge ou gape fait quelquefois de bien grands ravages. Il se trouve localisé dans la trachée-artère des oiseaux attaqués et s'y reproduit avec une grande rapidité. Il arrive ainsi à obstruer la trachée-artère et à produire l'asphyxie. Il se propage par l'abreuvoir.

L'isolement des oiseaux malades est tout indiqué. On se servira de l'éleveuse artificielle.

On trouve le ver rouge chez les faisandeaux de trois semaines à deux et même trois mois. Les sujets atteints toussent d'une toux convulsive, baillent fréquemment et finissent par mourir asphyxiés.

Il n'est pas facile d'atteindre le ver rouge dans sa retraite. Des vermifuges très volatils peuvent seuls en avoir raison, dans une certaine mesure.

Donnez, au lieu d'eau ordinaire, une infusion d'ail. Distribuez une pâtée à laquelle vous ajouterez un mélange d'*assa fœtida* et de gentiane jaune pulvérisée, 1/2 gramme par tête et par jour [1].

---

[1] *Les Faisans*, par le Dr P. Mégnin.

4° *Le coryza.*

Les sujets atteints de cette maladie ont les yeux larmoyants, le larynx enflammé. Ils éternuent fréquemment. L'arrière-gorge est remplie d'une liquide épais et gluant.

Les malades conservent leur appétit ordinaire pendant un certain temps, puis se mettent en boule ; les yeux se collent, l'appétit diminue, l'oiseau meurt.

C'est le cas presque général.

Pas ou peu d'espoir de guérison, danger de propagation. Cela suffit pour que les malades soient sacrifiés dès l'apparition de la maladie, qui ne vaut pas beaucoup mieux que la diphthérie.

Les survivants recevront une eau de boisson additionnée d'un gramme d'acide salicylique par litre et une pâtée à laquelle on ajoutera un peu de gentiane et de fleur de soufre.

5° *Vers intestinaux.*

Ajoutez à la pâtée de l'ail haché menu ou du semen contra.

Si cela ne suffit pas, administrez, dans un pâton de beurre, de petits grains d'aloès de la grosseur d'un demi-grain de blé.

6° *Gale aux pattes.*

Les petits en sont rarement atteints. Ramollissez les croûtes à l'eau tiède sans faire saigner.

Appliquez ensuite, sur les parties attaquées, de la pommade d'Helmerich. Répétez le traitement plusieurs jours de suite. Les nodosités disparaîtront.

7° *Constipation.*

Augmentez la quantité de verdure, ajoutez un peu de lait à la pâtée.

Si la constipation persiste, administrez un petit pâton de beurre frais.

CHAPITRE VIII

ÉJOINTAGE. — ENTRAVES.

L'éjointage est une opération barbare que l'on comprend, à la rigueur, lorsqu'il s'agit de tenir en liberté des canards, mandarins, casarcas, etc., dont la place n'est pas dans une volière, et qui ne manqueraient pas de vous fausser compagnie, s'ils étaient parqués dans un enclos non couvert.

Mais on ne devrait jamais éjointer des faisans.

Pourquoi détériorer ces jolis oiseaux, lorsqu'on peut arriver au même résultat, en employant les entraves, dont les publications d'élevage ont tant parlé depuis un an.

Ces entraves peuvent se placer et se déplacer à volonté, d'où l'avantage de rendre à l'oiseau la liberté du vol après un certain temps.

Cependant, comme tous les goûts sont dans la nature, je vais indiquer, d'une manière succincte, en quoi consiste l'éjointage et comment on le pratique.

L'aile se compose de :

1° Le *bras* ou *humérus* ;
2° L'*avant-bras*, formé de deux os, le cubitus et
le radius ;
3° La *main*, composée d'un pouce et d'un doigt
à trois phalanges.

Les plus fortes plumes, les *rémiges primaires*,
sont attachées au doigt.

Les *rémiges bâtardes*, plus petites, sont fixées à
l'os du pouce.

Si les rémiges primaires sont enlevées, il est
impossible à l'oiseau de voler ; il a perdu son équi-
libre et tous les efforts qu'il fera n'aboutiront qu'à
l'élever de quelques centimètres au-dessus du sol.

Pour pratiquer l'éjointage, attendez que le temps
soit frais et que vos oiseaux aient trois mois. Vous
liez fortement, avec une ficelle fine, le membre du
patient, au-dessous du pouce, et avec des ciseaux
bien aiguisés, vous coupez le doigt au-dessous de
la ficelle, qui devra rester en place pour éviter
l'hémorragie qui pourrait se produire.

Vous avez ainsi abattu les sept rémiges primaires.
Les rémiges bâtardes, attachées au pouce, dissi-
muleront le moignon.

Si le sang sortait avec abondance, ce qui n'est
pas probable, vous cautériseriez la plaie au fer
rouge, au perchlorure de fer, ou au nitrate d'argent.

Quatre ou cinq jours après, vous pouvez enlever
la ficelle. La plaie est cicatrisée.

Je ne parlerai pas du procédé de la ligature, qui a eu ses adeptes pendant un certain temps.

Ce procédé a l'avantage de supprimer l'emploi du fer, si pénible à l'opérateur qui aime ses oiseaux ; mais, au lieu d'une douleur d'un instant, on provoque des souffrances assez longues.

Mieux vaut donc ne pas le décrire.

CHAPITRE IX

CAPTURE DES OISEAUX POUR LA VENTE. EMBALLAGE. — VIVRES.

Votre élevage est terminé. Vos oiseaux ne vous donnent plus le moindre souci. Vous pouvez passer votre temps, non pas à les soigner, mais à les admirer.

Vos volières regorgent. C'est le moment d'offrir vos élèves aux amateurs, par l'intermédiaire d'un journal d'élevage.

Les demandes afflueront, soyez sans crainte, si vous savez, comme prix, rester dans des limites raisonnables.

Répondez, croyez-moi, à toutes les demandes qui vous seront faites, lors même que vos volières seraient épuisées. A côté des relations banales, désagréables même quelquefois, que l'on peut avoir avec certains éleveurs, on rencontre des sympathies, de véritables amitiés à distance.

Enfin, il est de votre intérêt de vous faire connaître. Si vous avez de la fortune, vous ne serez pas mécontent de rentrer dans vos frais. Si vous n'êtes que dans l'aisance, vous ne serez pas fâché de trouver, en fin d'année, un supplément de ressources, qui vous permettra de lâcher la bride à vos fantaisies.

Ah! voici une demande!

Il s'agit de préparer le panier, qui ne devra être ni trop grand ni trop petit, mais proportionné à la taille des oiseaux, assez bas pour qu'ils ne puissent pas s'enlever, assez haut pour qu'ils ne soient pas aplatis sur le fond.

Garnissez tout l'intérieur de toile d'emballage, assez serrée pour que les pattes des oiseaux ne passent pas à travers les fils.

Attachez contre une des parois intérieures du panier, un chou, une salade ou même des pissenlits; jetez, dans le fond, de la paille très courte, 7 à 8 centimètres de longueur, du blé, du sarrazin, en quantité suffisante.

Pour le dessus, prenez une toile double. Mettez, entre les deux épaisseurs, du foin bien doux ou de la mousse. Vos oiseaux pourront, de cette façon, s'enlever sans en éprouver le moindre dommage.

Ne fermez pas complètement. Laissez une ouverture qui permettra d'introduire les prisonniers.

Lorsque tout est préparé, vous vous munissez d'une épuisette, à manche court, à filet serré, et de 50 centimètres de profondeur. Plus elle sera profonde, moins vous abîmerez vos oiseaux. Vous manœuvrez votre épuisette de manière à éviter les blessures, et lorsque vous avez réussi à faire une capture, vous prenez délicatement le captif par les ailes et vous l'introduisez dans le panier. Vous opérez une seconde fois de la même manière, s'il s'agit du départ d'un couple.

Enfin, vous achevez de fermer le panier d'expédition, qui pourra rester deux, trois et même quatre jours en route, sans inconvénient.

Lorsque vous aurez à expédier des faisans à queue très longue, comme le vénéré, l'Amherst, vous trouverez avantage à les enfermer dans des paniers ronds d'un diamètre en rapport avec la queue de l'oiseau. Vous ne pourrez pas vous dispenser de vous adresser à un vannier.

Mais, s'il s'agit de faisans à queue courte, vous vous servirez économiquement de paniers carrés ou rectangulaires que vous trouverez à très bon marché chez les peintres, les marchands de fer, les quincailliers, les marchands de nouveautés.

Il ne me reste plus qu'à vous souhaiter de ne pas tomber sur un amateur novice, qui déballera, le soir, les faisans que vous lui aurez envoyés et qui vous accusera, le lendemain, de lui avoir expédié des oiseaux ayant la tête déchirée. C'est arrivé.

CHAPITRE X

PHARMACIE DE L'ÉLEVEUR.

L'existence des oiseaux d'un parquet dépend très souvent de la promptitude avec laquelle on applique le traitement préventif.

De là, la nécessité, pour l'éleveur éloigné de la ville, d'avoir sous la main les substances qui lui sont nécessaires.

Il est donc indispensable de réunir dans une petite caisse à compartiments :

1º du sulfate de fer,
2º de l'acide salicylique,
3º de la fleur de soufre,
4º de l'*assa fœtida*,
5º de la gentiane jaune en poudre,
6º des granules carminatifs,
7º de l'aloès,
8º de la pommade d'Helmerich,
9º un crayon de nitrate d'argent,
10º une paire de ciseaux coupant très bien,
    pour pratiquer l'éjointage.

En outre, il est utile d'avoir toujours une certaine quantité d'énergiques désinfectants, comme :

L'acide sulfurique,
L'acide phénique,
Le crésyl-jeyes.

Muni de cet arsenal, vous pourrez attendre les mauvais jours, avec l'espoir d'enrayer rapidement la contagion.

CHAPITRE XI

FOURMILIÈRES.

Il fut un temps où la pensée d'éventrer une fourmilière, avec les mains, m'aurait fait frissonner.
Aujourd'hui, les piqûres de fourmis ne me produisent pas le moindre effet.

Il en sera de même pour vous, cher lecteur.
Perdez donc toute appréhension.

C'est que la récolte des larves de fourmis est une
besogne qu'il est bon de ne pas confier à des do-
mestiques.

Tout n'est pas fait lorsqu'on a extrait quelques
poignées de larves. Le plus important est à faire
et ne sera bien fait que par vous.

Toutes les larves de fourmis peuvent être ad-
ministrées à vos oiseaux : mais vous avez intérêt
à prendre les plus grosses, qui vous procureront
des provisions plus abondantes et plus appétis-
santes.

Vous en trouverez dans les bois, sur le bord des chemins, dans les berges des canaux.

Entrez dans un bois, par une belle journée, vous rencontrerez des fourmis isolées d'abord, puis en plus grand nombre. Vous n'aurez qu'à suivre, elles vous mèneront à la fourmilière.

Armé d'une pelle ronde à charbon, attaquez à mi-côte, à l'est ; écartez doucement les brindilles, sans trop les éloigner. Vous trouverez un amas de corps blancs oblongs, qui sont des larves, appelées improprement œufs de fourmis. Jetez le tout sur un tamis en fer, qui laissera passer les œufs et retiendra les brindilles. Vous verserez les œufs dans un sac et rejetterez les brindilles près du trou, et non dans le trou, comme le font certains amateurs inexpérimentés. Bouchez le trou avec un gros tampon de branchages, d'herbe même, pour que la pluie ne cause pas de dégâts, et surtout ne comblez pas avec les débris. Les fourmis reprendront, un à un, les matériaux que vous leur aurez rendus et reconstruiront leur demeure. En quinze jours il n'y paraîtra plus. Seulement vous aurez eu grand soin de ne pas épuiser la fourmilière. Pour qu'elle continue de marcher, il faut que vous lui ayez laissé des éléments suffisants en larves et en fourmis adultes. Si vous avez fait la récolte avec la prudence que je vous recommande, vous pourrez recommencer l'opération trois et quatre fois dans la même saison.

Si vous prenez une fourmilière des champs, vous trouverez des larves en plus petite quantité. Au lieu de constructions solides et facilement réparables, vous aurez devant vous un amas de parcelles de terre mélangée de gravier fin. A la première attaque, tout s'effondrera. Le travail de reconstruction sera si long, que vous ne pourrez pas compter sur une nouvelle récolte.

DEUXIÈME PARTIE

MONOGRAPHIE DES PHASIANIDÉS

LES PLUS CONNUS

ORIGINE — PONTE — DURÉE DE L'INCUBATION

HABITUDES — CARACTÈRES — NOURRITURE

RUSTICITÉ

CHAPITRE XII

FAISAN COMMUN.

Le faisan commun, *Phasianus colchicus*, nous a été apporté, dit-on, des bords du Phase, fleuve de l'Asie-Mineure, par les Argonautes. On le trouve maintenant dans toute l'Europe ; c'est le faisan de chasse le plus ordinaire ; on en fait un élevage considérable. Son prix est modique.

Je ne vous le décrirai pas, pas plus que ses parents ou compatriotes, que je vous présenterai plus tard. La plume est impuissante à reproduire les splendeurs de cette famille de gallinacés.

La poule pond une vingtaine d'œufs, quelquefois davantage, en volière. La durée de l'incubation est de vingt-trois jours.

Le coq prend ses couleurs trois mois après sa naissance. Il est donc apte à la reproduction dès la première année. Il est polygame. Trois poules ne l'effraient pas.

Peu exigeant sous le rapport de la nourriture, il

mange indifféremment ce que vous lui présentez, blé, orge, avoine, maïs, sarrazin. Il ne refusera pas les vers, sauterelles, hannetons, et il vous saura gré de lui offrir de la verdure, chou, salade, ortie blanche, gazon, etc. Tout est bon pour lui.

Très rustique, il préfère les perchoirs extérieurs à ceux de la cabane. Pourquoi ne pas le satisfaire ? Il n'est pas assez précieux pour être mis dans du coton.

La captivité lui pèse ; il n'arrive jamais à la familiarité, quelles que soient les prévenances dont on l'entoure. Il sent instinctivement qu'il est destiné à la broche. Il y a de quoi réfléchir.

Élevage assez facile.

CHAPITRE XIII

FAISAN DE MONGOLIE.

Le faisan de Mongolie, *Phasianus torquatus*, nous vient de la Chine.

On ne le trouve guère qu'en volière. Il aimerait mieux être ailleurs, car s'il y a un faisan farouche, sauvage, c'est celui-là.

Son vêtement est plus brillant que celui du faisan commun. C'est un joli faisan.

La poule est d'une fécondité remarquable. Elle pond tant, que cela devient ennuyant. 40, 50 et même 60 œufs, voilà ce qu'elle vous donnera chaque année.

La durée de l'incubation est de vingt-trois jours.

Le coq prend ses couleurs trois mois après sa naissance. Il est reproducteur dès la première année.

Comme le faisan commun, il est polygame et accepte parfaitement deux ou trois poules. Il se nourrit exactement de la même manière que lui.

I! est d'une grande rusticité. Très méfiant, il rentrera le moins possible dans sa cabane ; il préférera coucher sur un arbuste, sur un perchoir extérieur ou même à terre derrière une touffe d'herbe.

Sa sauvagerie vous donnera du fil à retordre, si vous avez affaire à un couple, que vous avez acheté et que le voyage a effrayé.

Gare aux têtes. C'est le moment de ne pas se montrer, de garnir la volière de toile d'emballage et d'arbustes... au préalable.

Éevé par vous, il ne s'enlèvera que rarement, il se rasera plutôt ; mais jamais vous ne pourrez en faire un civilisé.

Il est donc bien indiqué pour la chasse. Cependant il peuple peu de tirés.

Est-ce parce qu'il est un peu plus petit que le commun ?

Son prix est modique. Élevage facile, à la condition que les visites de l'éleveur ne soient pas trop fréquentes.

CHAPITRE XIV

FAISAN VÉNÉRÉ.

Nous montons dans l'échelle des couleurs.

Je vous présente un faisan splendide, d'un port majestueux, d'une tenue parfaite, queue de plus d'un mètre de longueur. Quel dommage qu'il ne soit pas plus aimable !

Le faisan vénéré, *Phasianus Reveesii*, est originaire de la Chine. On le trouve dans les volières d'amateurs et même dans les bois du prince de Wagram et de M. de Rothschild. Vous connaissez le vénéré. Qui ne le connaît pas ? Vous pouvez vous figurer le spectacle qui s'offre au chasseur émerveillé lorsqu'il fait lever un coq de deux ans.

Quel coup de fusil !

La poule pond de 20 à 35 œufs, suivant l'âge.

La durée de l'incubation est de vingt-quatre jours.

Le coq prend ses couleurs très rapidement. A deux mois et demi, vous pouvez déjà distinguer les sexes. A cinq et six mois, la livrée est complète.

Ce faisan est donc apte à la reproduction dès la première année.

Il est polygame, mais deux poules suffisent.

Très facile à nourrir, il accepte tout ce que vous lui donnez.

D'une sauvagerie agaçante, s'il a voyagé, il pique des têtes sur le grillage avec une force telle que le bec et la tête sont souvent ensanglantés. Il sera bon, dans ce cas, de prendre les mêmes précautions que pour le faisan de Mongolie ; mais il s'humanisera peu à peu et s'il laisse toujours à désirer sous le rapport de la sociabilité, il cessera, après un certain temps, de pointer en hauteur.

Élevé par vous, il sera beaucoup moins craintif ; mais il n'aimera jamais que vous entriez dans sa volière. Aussi aurez-vous de la peine à récolter les œufs, si vous ne l'avez pas logé dans une volière longue, pourvue d'une porte à chaque extrémité.

Son prix varie entre 50 et 70 francs. C'est sa cherté relative qui l'a empêché jusqu'à ce jour de peupler toutes les chasses.

Cela viendra ; car il est beaucoup plus gros que les précédents et sa chair exquise est supérieure à celle du faisan commun.

Très rustique, il est aussi facile à élever que les autres faisans de chasse.

CHAPITRE XV

FAISAN VERSICOLORE.

Pas beau de loin, ravissant de près. C'est un mélange de toutes les couleurs moins le blanc ; c'est une harmonie de tons, qui le fait rechercher, malgré sa sauvagerie.

Le faisan versicolore, *phasianus versicolor*, est originaire du Japon. On le devinerait. Il existe dans les volières et dans un certain nombre de tirés.

Quoique son prix soit supérieur à celui du faisan de Mongolie, il paraît avoir, comme faisan de chasse, plus d'adeptes que lui. Après tout, cela n'est pas étonnant, il est si joli ! Ce n'est pas un saltimbanque comme le doré, comme l'Amherst. C'est un faisan sérieux, aimant son intérieur, demandant qu'on ne le dérange pas trop.

Il est farouche ; mais sa sauvagerie n'est pas dangereuse pour sa personne ; il pointe peu ; il se fait tout petit pour passer inaperçu ; il se rase.

Quel joli petit faisan ! Un peu plus petit que le commun, et encore !

La poule pond de 40 à 70 œufs, suivant l'âge et la nourriture préparatoire que vous lui aurez donnée.

La durée de l'incubation est de vingt-trois à vingt-quatre jours.

Doué d'un bon appétit lorsqu'il est adulte, il est un peu hésitant dans le bas âge ; il a besoin, pendant les premiers jours, d'une nourriture recherchée ; les œufs de fourmis lui plaisent au-delà de toute expression.

Il est polygame : trois poules peuvent être laissées dans chaque parquet.

Le coq prend ses couleurs un peu après le faisan commun. A six mois, la transformation est complète.

La reproduction a donc lieu dès l'année qui suit la naissance.

Sa rusticité ne laisse rien à désirer. Il vous donnera, si vous l'adoptez, de grandes satisfactions.

CHAPITRE XVI

FAISAN DE WALLICH.

Voici venir un faisan vigoureux, trapu, bien d'aplomb sur les pattes, l'œil fier, bien bordé de rouge, plumet en tête, renversé en arrière, d'une rusticité à toute épreuve.

C'est le faisan de Wallich, *phasianus Wallichii*, originaire de l'Inde, un des rares spécimens de cette contrée.

Gros, fécond, facile à élever, ce faisan donne toutes les satisfactions désirables aux amateurs qui ont fait sa connaissance. Il n'est pas, il est vrai, revêtu d'une brillante livrée, mais l'habit ne fait pas le moine.

La poule pond jusqu'à 32 œufs.

La durée d'incubation est de vingt-sept jours.

A première vue, il paraît difficile de distinguer le coq de la poule. Il existe cependant des différences, qui ne permettent pas de s'y tromper, dès l'âge de quatre mois.

Le coq est couvert d'un camail à fond gris, descendant beaucoup plus bas que celui de la poule. Le bas du ventre et les cuisses sont noirs chez le coq, havane chez la poule. Enfin, le coq est plus gros que la poule.

Le faisan de Wallich laisse volontiers le blé pour le sarrazin; il aime beaucoup la verdure. Il adore même les souris. Vous pouvez lui donner toutes celles qui seront prises dans vos souricières; il n'en laissera pas.

Il est, sans aucun doute, polygame dans son pays, quand ce ne serait que pour faire comme les hommes; mais l'espace restreint, dans lequel nous le gardons, pourrait être cause d'une guerre acharnée entre les poules. Il est plus prudent de ne laisser qu'une poule par parquet.

Vous pouvez compter sur la reproduction dans l'année qui suit la naissance.

Donnez beaucoup, énormément de verdure aux petits et vous les verrez pousser.

Le faisan de Wallich est d'une nature farouche. Sa sauvagerie, jointe au peu d'éclat de son plumage, le désigne aux propriétaires de grandes chasses comme un faisan d'avenir.

CHAPITRE XVII

FAISAN DORÉ.

La série des faisans de chasse est terminée. Nous passons aux faisans d'agrément.

Le faisan doré, *Thaumalea picta*, est originaire de la Chine. C'est, sans contredit, l'un des plus jolis faisans que l'on puisse voir. Et cependant quel est l'éleveur qui, à la longue, ne l'abandonne pas? Il est pourtant bien décoratif.

La poule pond une vingtaine d'œufs.

La durée de l'incubation est de vingt et un jours.

Le coq n'est complètement en couleur que vers le milieu de l'année qui suit la naissance. La reproduction n'a donc lieu, en règle générale, que la deuxième année. Il existe à cette règle des exceptions assez fréquentes, et cela lorsque les sujets sont nés en avril ou en mai et qu'ils ont parcouru, à pas rapides, grâce à une nourriture choisie, la période de croissance.

Ami de l'homme, le faisan doré est très abordable : pas de pointes, pas de mouvements brusques ; il n'est préoccupé que de l'effet qu'il produit. Non seulement il accepte fort bien les perchoirs de la cabane, mais encore il les recherche, surtout lorsque le soleil est ardent.

Le coq est brusque, emporté à l'égard de ses compagnes ; il les bat lorsqu'elles ne sont pas du même avis que lui. Il ne recule même pas devant le crime. Aussi aurez-vous intérêt à lui laisser trois poules pour diviser les poursuites et à garnir sa volière d'arbustes, qui seront pour lui autant d'obstacles.

Très rustique, très facile à élever, c'est le faisan du débutant ; c'est avec lui que ce dernier se fait la main, et cela avec des craintes d'autant moins grandes, que le prix en est minime.

CHAPITRE XVIII

FAISAN DE LADY AMHERST.

Ce faisan, que beaucoup d'éleveurs appellent, on ne sait pas pourquoi, « *faisan lady* », ce qui n'a pas plus de signification que si l'on disait : *faisan madame*, est originaire de la Chine.

C'est le *thaumalea Amherstiæ* des naturalistes.

Aussi beau, aussi brillant que le faisan doré, il a avec lui beaucoup de points de contact ; aussi opère-t-on constamment entre eux des croisements, qui produisent de magnifiques oiseaux.

Sa queue d'un mètre de longueur l'embarrasse beaucoup, lorsqu'il n'est pas en possession d'une grande volière, ou lorsque les arbustes en sont trop nombreux. Et cependant on ne saurait en mettre trop ; car il est aussi mauvais époux que son compatriote le faisan doré, et aussi massacreur que lui.

La poule pond de quinze à dix-huit œufs.

La durée de l'incubation est de vingt-quatre jours.

La nourriture de ce faisan est la même que pour les précédents.

Il est assez rustique. L'élevage des petits est facile.

Le coq prend, comme le faisan doré, ses couleurs la deuxième année. On ne peut donc pas compter sur la reproduction dès l'année qui suit la naissance.

On le trouve dans toutes les volières.

CHAPITRE XIX

FAISAN ARGENTÉ.

Le faisan argenté, *euplocomus nyctheremus*, nous vient de de la Chine. Il est gros et étoffé. C'est une bonne pâte d'oiseau, qui prend le temps comme il vient et la volière comme on la lui donne, qui n'est pas l'esclave de ses nerfs et fait bon ménage avec tout le monde, même avec l'homme.

Il s'apprivoise très facilement et peut être domestiqué. Certains amateurs l'éjointent ; d'autres ne prennent pas cette précaution et n'ont pas à le regretter : il ne pense pas à s'éloigner. Cependant il ne faut pas s'y fier.

La robe du coq est magnifique, blanc et noir, C'est un beau faisan ; mais il manque de mouvement.

La poule pond de seize à vingt œufs, assez gros pour n'être confiés qu'à une poule de moyenne taille.

La durée de l'incubation est de vingt-quatre jours.

Le coq prend ses couleurs la deuxième année. Il n'est donc pas apte à la reproduction dès la première année.

Facile à élever, il accepte, lorsqu'il est adulte, l'ordinaire des poules. Il est rustique. Avec lui, du reste, les règles d'hygiène ne sont pas difficiles à suivre : il fera ce que vous voudrez.

Il est aussi polygame ; mais je vous engage à ne pas le surcharger : deux poules suffisent.

CHAPITRE XX

FAISAN DE SWINHOÉ.

Le faisan de Swinhoé, *Euplocomus Swinhoei*, est originaire de l'île Formose. On peut le ranger dans la catégorie des gros faisans.

La poule pond de 15 à 18 gros œufs.

La durée de l'incubation est de vingt-cinq jours.

Il est polygame. Donnez-lui deux poules au maximum, si la volière est assez grande. Pas de nourriture particulière.

Très doux, plutôt timide, le faisan de Swinhoé se dissimulera derrière les arbustes lorsque vous entrerez dans sa volière, mais il ne sautera pas.

Il a de grands points de rapprochement avec le faisan argenté, avec lequel on le croise souvent.

Il est assez rustique, mais il ne refusera pas l'abri que vous lui donnerez.

Le coq ne prend ses belles couleurs bleues que dans le courant de l'été qui suit sa naissance.

Les œufs clairs ne sont pas rares. Il en est de même du faisan argenté.

Il existe une variété isabelle.

CHAPITRE XXI

FAISAN D'ELLIOT.

Le faisan d'Elliot, *phasianus Ellioti*, est originaire de la Chine septentrionale. Son acclimatation ne pouvait donc offrir aucun aléa.

Il est, comme taille, intermédiaire entre le versicolore et le vénéré, plus ramassé que le dernier. Il ne brille pas par la queue, mais par sa livrée originale formant des dessins aux couleurs curieusement entremêlées.

C'est un très beau faisan, qu'on ne peut pas se dispenser de posséder.

Voyez le coq, dès le mois de février. Il parcourt sa volière au grand trot, s'arrête, s'incline, étend les ailes, les agite, se pavane devant sa poule, fait un rond de... patte, repart et continue son manège des heures entières. Aucun faisan n'est certainement aussi amusant que lui.

Il n'a qu'un défaut, mais il est grave : il est un peu brutal et il n'admet pas que sa poule ne soit pas éblouie par sa beauté.

Il en résulte quelquefois des corrections assez

vives, qui peuvent amener des blessures graves et même la mort.

Tous n'ont pas aussi mauvais caractère.

Des arbustes comme pour le faisan doré et le faisan de lady Amherst, voilà le remède. Et si cela ne suffit pas, séquestrez votre batailleur dans la volière voisine ; laissez-le, pendant quelques jours en contemplation devant sa poule et ouvrez, un beau matin, la porte de communication. La pénitence aura probablement produit son effet.

La poule pond tôt, trop tôt même, car les petits naissent au moment où les fourmilières n'ont encore rien ou presque rien à nous offrir. C'est un très grand inconvénient. Tâchez de vous procurer des asticots, des vers de farine. Employez la viande cuite, hachée, la poudre toni-nutritive, les œufs de fourmis artificiels.

Je ne vous donne pas d'adresses, ne voulant pas que mes conseils soient pris pour de la réclame payée.

L'élevage est loin d'être impossible.

La ponte commence en mars. Elle est d'une quinzaine d'œufs.

La durée de l'incubation est de vingt-quatre jours.

Le coq ne prend ordinairement ses couleurs que dans l'année qui suit sa naissance ; cependant il n'est pas rare d'obtenir des produits de sujets de première année.

Vous pouvez donner deux poules par coq.

Le faisan d'Elliot n'exige pas une nourriture particulière. Il est rustique.

C'est un élevage à faire. Il est très rémunérateur.

CHAPITRE XXII

FAISAN PRÉLAT.

A quoi attribuer le nom de prélat qui a été donné à cet oiseau, si ce n'est à ce que les temples de Siam en sont toujours ornés?

Le faisan prélat, *phasianus prœlatus*, est, en effet, originaire de Siam. Son importation en France est relativement récente.

La poule pond une quinzaine d'œufs.

La durée de l'incubation est de vingt-quatre jours.

Le coq ne prend ses couleurs que la deuxième année.

Moins rustique que les autres faisans, il s'accommode mieux du midi de la France que du nord. La reproduction n'est pas bien assurée lorsque la température printanière n'est pas uniformément douce.

C'est un élevage qui n'a rien d'impossible, loin de là ; mais il demande plus de soins que les autres.

La nourriture est la même que celle de tous les faisans.

Une poule par coq suffit.

CHAPITRE XXIII

CROSSOPTILON.

Le crossoptilon, tambour-major de la faisanderie, nous vient de la Mantchourie.

On l'appelle indifféremment *ho-ki* ou faisan oreillard. C'est le *crossoptilon mantchuricum* des naturalistes.

Il existe, paraît-il, plusieurs variétés de crossoptilons.

Je ne vous parlerai que de celle que je connais ; c'est la plus répandue.

Le faisan oreillard est de très grande taille. Il porte son panache, non sur la tête comme cela a lieu généralement hors du monde des oiseaux, mais à la queue. C'est un oiseau très ornemental, très agréable, mais d'un accent peu enchanteur.

Les voyages ne le lui ont pas fait perdre. On ne peut pas tout avoir.

Le coq et la poule ont exactement le même plumage, ce qui rend, au premier abord, la distinction des sexes assez difficile. Cependant le coq est plus fort que la poule et son ergot est beaucoup plus développé que celui de sa compagne.

Les deux sexes sont, en effet, pourvus de cet appendice.

La ponte est très variable. Une poule pondra une douzaine d'œufs, quelquefois moins, une autre pondra jusqu'à 50 œufs. La même poule ne pondra pas, une année, et remplira une corbeille l'année suivante.

La durée de l'incubation est de vingt-huit jours.

Ne laissez pas plus d'une poule par volière, à moins que vous n'ayez des volières très vastes et que les travaux de propreté ne soient fréquents. Encore aurez-vous à craindre le piquage, qui n'est pas rare chez ces oiseaux. Pour y remédier, donnez-leur, de temps en temps, un peu de viande hachée. Ils ne dédaignent pas non plus les souris, ni même les moineaux que vous aurez condamnés à mort, en punition de leurs brigandages.

La reproduction a lieu, dès la première année.

Le crossoptilon possède un bec formidable, en forme de fer de pioche, dont il se sert tellement bien qu'il est impossible de mettre à sa disposition un tertre de gazon. En quelques jours, tout serait retourné et il faudrait recommencer. Du sable, de la grosse grève, voilà ce qui lui convient.

Il aime passionnément la verdure. Donnez-lui-en beaucoup, surtout dans le jeune âge. Il laisserait tout, moins les œufs de fourmis, pour quelques feuilles vertes.

C'est le plus familier des oiseaux de faisanderie.

Entrez dans sa volière, il vous happera la main, le pantalon et tirera comme un cheval. On peut le prendre sans qu'il songe à se défendre. C'est l'ami de l'éleveur, en même temps que son réveille-matin.

Il est extrêmement rustique. C'est à regret qu'il se perchera dans l'intérieur de la cabane; il aimerait bien mieux être en plein air.

Doué d'un appétit formidable, il engloutit, avec le même plaisir, tout ce que vous lui présentez.

Enfin, il est très facile à élever et croît rapidement.

Essayez et vous en ferez un de vos favoris.

CHAPITRE XXIV

TRAGOPAN.

Pour les uns, le tragopan appartient à la famille des faisans, pour les autres, il fait caste à part.

Pour nous, c'est un magnifique oiseau et cela nous suffit.

Le tragopan se distingue du faisan par des appendices en forme de cornes, qui ornent la tête du coq et qui se dressent lorsqu'il est sous l'impression de la colère ou de l'amour.

Il est d'humeur douce ; la présence de l'homme lui plaît ; la raison en est bien simple : il est très gourmand.

La poule pond 12 à 15 œufs.

La durée de l'incubation est de vingt-neuf jours.

Le coq ne prend ses couleurs que la deuxième année. Ce n'est donc que par exception que des produits sont obtenus après un an. Et cependant je ne puis croire qu'à l'état naturel il en soit ainsi. Pourquoi l'exception ne deviendrait-elle pas la règle, grâce à une alimentation convenable ?

C'est à tenter.

La nourriture du tragopan est la même que celle du faisan ; mais il a un faible pour le maïs.

Très rustique, facile à élever, il a sa place chez tout éleveur sérieux.

Il y a cinq espèces de tragopans :

1° Le tragopan de Temminck (*Ceriornis Temminckii*);
2° Le tragopan satyre (*Ceriornis Satyra*);
3° Le tragopan cabot (*Ceriornis Caboti*);
4° Le tragopan de Hastings (*Ceriornis Hastingii*);
5° Le tragopan de Blyth (*Ceriornis Blythi*).

Les quatre premiers sont originaires de la Chine. Le cinquième nous vient de l'Inde.

Les plus connus sont : le tragopan de Temminck et le tragopan satyre qui ont une grande ressemblance et qui sont aussi brillants l'un que l'autre.

Le satyre, plus élancé que son congénère, est plus élégant que lui. Il est aussi beaucoup plus rare.

Ne donnez pas plus d'une poule à chaque coq, ou vous aurez la guerre entre les poules.

CHAPITRE XXV

LOPHOPHORE RESPLENDISSANT.

Le lophophore resplendissant, *lophophorus impeyanus* ou *refulgens*, est originaire des monts de l'Himalaya, comme le brillant tragopan satyre. Il ne souffre donc nullement de notre climat. Cependant sa reproduction ne donne pas tous les résultats auxquels on pourrait prétendre. Aussi est-il resté d'un prix extrêmement élevé.

C'est le plus brillant des oiseaux de faisanderie. On passerait des heures à l'admirer.

La ponte est de 6 à 8 œufs.

La durée de l'incubation est de trente jours.

La reproduction n'est assurée que la deuxième, quelquefois la troisième année.

La femelle pond parfois au perchoir. Il est donc bon de suspendre, au-dessous, un petit filet.

Le lophophore est assez rustique, mais d'un élevage difficile.

Il est prudent de ne donner qu'une poule par parquet.

CHAPITRE XXVI

ÉPERONNIER CHINQUIS.

L'éperonnier chinquis, *polyplectron chinquis*, est originaire de la Birmanie. C'est un bijou de petit paon, faisant gracieusement la roue et étalant aux rayons du soleil les brillants ocelles dont il est constellé.

Très doux, très timide, il a une existence calme. Le ménage vit dans l'accord le plus parfait.

La ponte est d'une précocité désespérante : c'est vers le commencement de février que vous recueillez les premiers œufs.

La ponte varie de 6 à 12 œufs.

La durée de l'incubation est de vingt-un jours.

La reproduction a lieu la première année.

Aussi rustique que les oiseaux que nous avons passés en revue, il est d'un élevage facile.

Il mérite les honneurs de la volière, tant à cause de sa beauté qu'à cause de son caractère conciliant que l'on peut mettre à profit en lui donnant comme compagnons de captivité, soit un couple de colombes, soit un couple de perruches.

On trouve chez les amateurs et dans les jardins zoologiques un autre éperonnier, l'éperonnier de Germain, *polyplectron Germani*, auquel on peut appliquer ce qui a été dit de l'éperonnier chinquis.

CHAPITRE XXVII

HYBRIDES.

En opérant le croisement d'espèces rapprochées comme forme, comme taille et comme durée d'incubation des œufs, on obtient des produits appelés *hybrides*.

Les uns ont la faculté de reproduire ; les autres n'ont pas ce pouvoir.

Dans le monde des faisans, les espèces que l'on varie le plus souvent ensemble sont : le faisan doré et le faisan de lady Amherst, le faisan argenté et le faisan de Swinhoé, le faisan vénéré et le faisan commun.

De ces unions imposées naissent des oiseaux souvent fort jolis, plus jolis que leurs parents pris isolément. Voyez, par exemple, le produit du faisan doré avec le faisan de lady Amherst : toute la palette du peintre y a passé.

Pour que le croisement réussisse, il n'est pas indispensable que les oiseaux en présence appartiennent à la même espèce : on a eu des produits par l'accouplement du faisan doré et de la perdrix rouge.

On obtient, tous les jours, des résultats par le croisement du faisan commun et de la poule ordinaire ou du coq ordinaire et de la poule faisane commune. Ce sont des *coquards*.

Il serait très intéressant de continuer ces expériences sur plusieurs générations, pour les hybrides doués de la faculté de reproduire.

Il y a de quoi tenter un amateur patient et observateur.

Est-il, en effet, satisfaction plus grande que celle d'augmenter le nombre des espèces ?

Ne voit-on pas, tous les jours, de courageux savants abandonner patrie, famille, pour chercher, à travers le monde, des êtres que la science n'a pas encore catalogués ? Si ce ne sont pas des créateurs, ils n'en ont pas moins droit à toute notre admiration, même lorsque leurs recherches aboutissent à une déception, comme cela arriva à un savant dont la mésaventure défraya pendant longtemps notre colonie algérienne.

Je ne résiste pas à l'envie de vous la conter, quoiqu'elle sorte du cadre que je me suis tracé. Une fois n'est pas coutume. Vous me pardonnerez.

En 1859, le professeur docteur Von Bitter avait été envoyé par son gouvernement en Algérie pour étudier la faune de cette contrée et recueillir quelques spécimens de petits mammifères, de reptiles et d'insectes, dont la collection devait enrichir le musée et le jardin zoologique de X... [1].

Accueilli favorablement et muni de recommandations de toute nature, il avait fait une riche récolte. Ses envois se succédaient rapidement, depuis le caméléon jusqu'à la vipère à cornes, sans oublier quantité d'insectes fort intéressants.

Les braves troupiers se multipliaient pour augmenter la collection du docteur Von Bitter, dont la générosité diminuait en raison du grand nombre d'offres qui lui étaient faites.

Les esprits travaillaient surtout chez les hommes du bataillon d'Afrique de Mascara. Il s'agissait de trouver une nouveauté, de créer au besoin.

Un jour, un *zéphyr* se présente à l'hôtel de France où était descendu le docteur. Il portait une petite cage soigneusement enveloppée.

Introduit chez M. Von Bitter, il lui présente silencieusement un animal nouveau, étonnant, dont la vue fait bondir le calme professeur.

« Un rat à trompe, s'écrie-t-il, les yeux dilatés, un rat à trompe. — Mon Dieu, oui, répond modestement le troupier ; c'est un animal extrêmement rare ; mais j'espère en trouver d'autres. »

Transporté de joie, le docteur Von Bitter paie généreusement et demande d'autres échantillons du rat à trompe.

Quinze jours après, les offres étaient tellement nombreuses que le savant fut obligé de fermer sa porte.

[1] Des raisons de convenance empêchent l'auteur de donner le nom de la ville.

Les facétieux troupiers avaient pratiqué la greffe animale. Coupant la queue d'un rat, ils l'avaient insérée dans la peau d'un autre rat, un peu au-dessus du nez. Quelques points de suture, et le tour était joué.

Le professeur docteur Von Bitter en fit une maladie grave!

CHAPITRE XXVIII

CONCLUSION.

Ai-je besoin de conclure?

Lorsque vous aurez parcouru toute la série des opérations, vous aurez reconnu que vous n'avez pas inutilement occupé vos loisirs. Outre la satisfaction bien naturelle que vous éprouvez à la vue de vos élèves, vous avez la douce joie d'avoir semé autour de vous la vie à profusion. Votre demeure est embellie ; vous l'aimez et ne la quittez qu'avec regret. Vous y revenez toujours avec un nouveau plaisir. Vos oiseaux sont votre chose, votre passion.

Votre première visite est pour eux.

La nuit vous trouve encore à vos volières. Vous avez de la peine à vous arracher à votre attrayante contemplation.

Et si, de loin en loin, la mort d'un de vos favoris vous laisse une impression de tristesse, elle est souvent pour vous un enseignement dont profiteront les autres.

Puis, si attaché que vous soyez à tout votre petit

monde, vous n'êtes pas absolument insensible aux avantages pécuniaires que vous procure son éducation.

Vous avez commencé avec l'idée que vous seriez satisfait si vous pouviez couvrir vos dépenses. Vous êtes, un jour, étonné d'avoir un excédent de recettes qui ne peut que croître si vous étendez votre élevage.

Vos goûts sont, croyez-le bien, partagés par un grand nombre de personnes. Chaque jour arrivent en foule de nombreux adeptes, entraînés dans le mouvement.

Vous n'avez donc pas à craindre que vos produits ne s'écoulent pas.

Le repeuplement des chasses en faisans vénérés et versicolores prend un développement de plus en plus grand.

Les oiseaux d'agrément sont de plus en plus recherchés, malgré leur prix élevé. Vous avez devant vous un horizon dont l'étendue est sans limites. Marchez donc avec confiance.

Si vous adoptez la volière économique que je vous ai décrite, si vous suivez toutes les indications que je vous ai données, vous pourrez, avec une vingtaine de volières qui vous auront coûté environ mille francs, vous créer au minimum de 2 à 3,000 francs de rente.

C'est ce que je vous souhaite !

FIN.

TABLE DES MATIÈRES

VERSAILLES, IMPRIMERIE CERF ET FILS, 59, RUE DUPLESSIS.

www.ingramcontent.com/pod-product-compliance
Lightning Source LLC
LaVergne TN
LVHW021735170726
843503LV00004B/1589